MURPHY'S LAW

墨菲定律

受益一生的黄金法则与人生定律

石磊 / 著

金盾出版社

内容提要

人们常常是嘴里说着一件事，但脑子里想的却是另一件事。社会纷繁复杂，各色人等都有，但我们又不得不跟各种各样的人打交道。所以，要识别一个人，不能只是听，还要用眼睛仔细去看、去观察；不能只看其表面，还要透过表面现象透视其内心世界。本书以精辟的语言、独特的视角，深刻阐述了掌握读心术的真正意义，从而为人们更好地纵横于职场与情场提供了一定指导。

图书在版编目（CIP）数据

墨菲定律/石磊著．—北京：金盾出版社，2019.3

ISBN 978-7-5186-1530-8

Ⅰ．①墨… Ⅱ．①石… Ⅲ．①成功心理-通俗读物 Ⅳ．①B848.4-49

中国版本图书馆CIP数据核字（2019）第013564号

金盾出版社出版、总发行

北京太平路5号（地铁万寿路站往南）

邮政编码：100036　电话：66886184

传真：68276683　网址：www.jdcbs.cn

印刷装订：三河市宏顺兴印刷有限公司

各地新华书店经销

开本：880×1230　1/32　印张：7　字数：120千字

2019年3月第1版第1次印刷

印数：1~5000册　定价：39.80元

前　言

墨菲定律是一种心理学效应，是由爱德华·墨菲（Edward A. Murphy）提出的。墨菲定律与帕金森定理和彼德原理并称为二十世纪西方文化三大发现。它作为一种心理学效应，却在客观世界留下了难以磨灭的影响。

墨菲定律是一种科学定律，它是让我们关注概率，抛弃恐惧、逃避、侥幸的心理，专注于改变自己能改变的事情，让事情的走向在大概率上能够变好。墨菲定律又称莫非定律、墨菲定理，是西方世界常用的俚语。凡事只要有可能出错，你觉得那就一定会出错。

墨菲定律指出：只要客观上存在危险，那么危险迟早会成为不安全的现实状态。所以要善于做好危机管理，防患于未然，重视心理暗示的作用，不能忽视小概率危险事件，预防和控制的前提是要预知人们活动领域里固有的或潜在的危险，本书告诫人们应预防什么，以及如何去控制。

在过去的几年，杜特尔特当选菲律宾总统，结果中菲实现关系正常化；英国公投脱欧，结果真脱了；不被主流媒体各路大佬看好的特朗普赢了，结果全世界都傻了！接连飞出三只黑天鹅，这就是本书想说的墨菲定律。

中国有句俗语：怕什么，来什么。这其实就是墨菲定律的另一种表达方式。

本书从不同的视角，介绍了定律、效应、法则、理论的神奇之处。在简单地介绍了每个定律或法则的来源和基本理论后，就如何运用其解释人生中的现象并指导我们的工作和牛活等进行了重点阐述，是一部可以启迪智慧、改变命运的人生枕边书。墨菲定律还可以引申为，任何你觉得有可能失败的事，它就会失败。太多的人在一次两次的失败后退缩，这些人也就离成功越来越远，只有真正的强者才能笑到最后。只要巧妙地运用墨菲定律，智慧地付出，就能让没有目标的人为有目标的人达到目标奠定基础。

目　录

第一章

生存竞争法则

权变理论：以变应变，才能赢得精彩

毫不夸张地说，我们已经进入到竞争时代，一切都充满了变数。就拿大家熟悉的股市来说，几秒钟内的上下颠覆，可能会把你送上云端，也可能把你推入地狱。对此，一定要树立权变的思想，只有善变才能赢。

《猫和老鼠》的经典动画片大家应该记忆犹新，为什么每次小杰瑞总能逃过汤姆的利爪，还让汤姆吃尽了苦头？汤姆即使绞尽脑汁、费尽力气，为何最终仍然一无所获？这一切都是因为，小杰瑞对汤姆的一举一动，甚至是一个呼吸、一个喷嚏、一个微笑的变化，都有着不同的应对手段。

在商业竞争中，善变的思想同样有必要。

中国布鞋曾一度在秘鲁打开销售大门，当地一家公司每月可销售中国布鞋 6 万多双。

不料，秘鲁当局颁布了一项法令：禁止纺织品和鞋子进口。这一突如其来的变化，使中国布鞋在秘鲁的销售大门被关闭了。

陷入困境的中国商人并没有坐以待毙，经过分析，他们发现秘鲁并没有禁止进口制鞋设备及布鞋面。于是，他们转变策略，决定出口制鞋设备和布鞋面，在秘鲁当地加工布鞋。布鞋面既不算成品布鞋，也不属于纺织品，不受禁令的制约。

后来，中国布鞋又重新在秘鲁占据了一定的市场份额。

正如《孙子兵法》所言："夫兵形象水，水之形避高而趋下，兵之形避实而击虚。水因地而制流，兵因敌而制胜。故兵无常势，水无常形，能因敌变化而取胜者谓之神。"意思是说用兵打仗，好像地下的流水那样没有固定刻板的规律，没有一成不变的打法，能采取敌变我变之策而取胜的，就叫用兵如神了。

某省一家出售冷冻鸡肉的食品公司，由于竞争激烈，冷冻鸡肉的销售一直不太景气。后来，该公司经过市场调研，发现顾客喜欢吃新鲜鸡肉，于是相应地调整了策略，改为凌晨开始杀鸡，待去毛分割完毕恰好接近黎明。新鲜的鸡肉送到市场，生意一下子红火起来，公司利润持续上升，顾客也非常满意。

由此观之，善变之道在于灵敏地作出应变决策，抢占先机。如果没有这种能力，一个公司就会陷于故步自封的境地，一个人就会陷入墨守成规的套子。

当今世界如同一只变色龙，变化的发生有时是没有什么明显先兆的，我们往往也无法预知，"翻手为云，覆手为雨"，常常让我们措手不及。因此，每走一步棋，我们既要紧抓时机，又要学会思考、以容应对，这样才能赢得精彩。

达维多定律：做第一个吃螃蟹的人

不难看出，达维多定律为我们揭示了如何在竞争中取得成功的真谛，而这也正是诸多成功实例所验证的——要做第一个吃螃蟹的人。

日本企业界知名人士曾提出过这样一个口号：“做别人不做的事情。”瑞典有位精明的商人开办了一家“填空当公司”，专门生产、销售在市场上断档脱销的商品，做独门生意。德国有一个“怪缺商店”，经营的商品在市场上很难买到，例如大个手指头的手套、缺一只袖子的上衣、驼背者需要的睡衣等等。因为是填空档，所以在一段时间内都不会有竞争对手。

其实，即使是在人们熟知的行业里仍然会有许多的创新点，关键是你要能否察觉得到。

有段时间，国外很多啤酒商发现，要想打开比利时首都布鲁塞尔的市场非常困难。于是，就有人向通行比利时国内的某名牌酒厂家取经。这家叫“哈罗”的啤酒厂位于布鲁塞尔东郊，无论是厂房建筑还是车间生产设备都没有很特别的地方。但该厂的销售总监林达是轰动欧洲的策划人员，由他策划的啤酒文化节曾经在欧洲多个国家盛行。当有人问林达是怎样做好“哈罗”啤酒的销售时，他显得非常得意且自信。林达说，自己和哈罗啤酒的成长经历一样，从默默无闻开始到轰动半个世界家。

林达刚到这个厂时是个还不满25岁的小伙子，那时候他有些发愁自己找不到对象，因为他相貌平平而且贫穷，但他还是看上了厂里一个很优秀的女孩。当他在情人节给她偷偷送花时，那个女孩伤害了他，她说："我不会看上一个普通得像你这样的男人。"于是，林达决定做些不普通的事情。但什么是不普通的事情呢？林达还没有仔细想过。

那时的哈罗啤酒厂正一年一年地减产，因为销售不景气而没有钱在电视或者报纸上做广告，这样便开始了恶性循环。做销售员的林达多次建议厂长到电视台作一次演讲或者广告，都被厂长拒绝。林达决定冒险做自己"想要做的事情"，于是他贷款承包了厂里的销售工作。正当他为怎样去做一个最省钱的广告而发愁时，他徘徊到了布鲁塞尔市中心的于连广场。这天正是感恩节，虽然已是深夜，但广场上还是聚集了很多狂欢的人们，广场中心撒尿的男孩铜像就是因挽救城市而闻名于世的小英雄于连。当然，铜像撒出的"尿"是自来水。广场上一群调皮的孩子用自己喝空的矿泉水瓶子去接铜像里"尿"的自来水上泼洒对方，他们的调皮启发了林达的灵感。

第二天，路过广场的人们发现于连的尿变成了色泽金黄、泡沫泛起的"哈罗"啤酒，铜像旁边的大广告牌子上写着"哈罗啤酒免费品尝"的字样。一传十、十传百，全市的百姓都从家里拿上自己的瓶子、杯子排成长队去接啤酒喝。电视台、报纸、广播电台争相报道，林达未花一分钱就把哈罗啤酒的广告成功地做上了电视和报纸。该年度"哈罗"啤酒的销售量跃升为去年的1.8倍。

林达成了闻名布鲁塞尔的销售专家，这就是他的经验：做别人没有做过的事情。

不得不承认，如果只懂得沿着既有的路循规蹈矩地走，即使能取得一点进步，也不易超越他人；只有做别人没有做过的事情，创造一条属于自己的路，才有可能把他人甩到你身后。

费斯法则：抓紧到手的利益

在生活中，有很多人为了那虚无的下一站幸福而抛弃了已经拥有的快乐；或为了更上一层楼而赌上现有的身家性命，结果最终落得个身败名裂。所以，老人常说，拿到手里的才是自己的，守好了再去找别的。不要为了那不可预测的未来赌上你现在所拥有的，不值得，也不明智。

作为一名竞争者，千万不要急功近利、好高骛远，以为前方是天上掉下的馅饼，拼了命也要抢过来，却不知那往往是天大的陷阱；没有看到自己已经拥有的东西和自己的优势，一味地以为别人拥有的更好，却不知会输得更惨。这就像一个女人，不知道自己的魅力在哪里，为了和别人争抢同一个男人而一味地改变自己，到最后既失去了那个男人也失去了自己和喜欢自己的人。无论是做人还是做事，都要求稳，不应轻易地做决定，要三思而后行；更不要为了还未到手的东西而放弃自己已经拥有的。

现在似乎有一种流行病，那就是浮躁。许多人总想一夜成名、一夜暴富。比如投资赚钱，不是先从小生意做起，慢慢积累资金和经验，再把生意做大，而是如赌徒一般，借钱做大投资、大生意，结果往往遭到惨败。网络经济一度充满了泡沫，有人并没有认真研究市场，也没有认真考虑它的巨大风险性，只觉得这是一个发财成名的“大馅饼”，便一口吞下去，最后没撑多久既草草倒闭，白白“烧”掉了许多钞票。

俗话说得好：滚石不生苔，坚持不懈的乌龟能快过灵巧敏捷的野兔。如果能每天学习1小时，并坚持12年，那么所学到的东西一定远比坐在教室里接受四年高等教育要多得多。正如布尔沃所说：“恒心与忍耐力是征服者的灵魂，它是人类反抗命运、个人反抗世界、灵魂反抗物质的最有力支持，它也是福音书的精髓。从社会学的角度看，考虑到它对种族问题和社会制度的影响，其重要性无论怎样强调都不为过。”

凡事不能持之以恒，正是很多人失败的根源。所以，培养不放弃的习惯对于一个竞争者来说尤为重要。下面的一些步骤应该对培养你的恒心有一定帮助。

第一，合理的计划是你坚持下去的动力。如果没有计划，东一榔头西一棒子，是做不好工作的事先。设计合理的计划表，不仅可以理顺工作的轻重缓急，提高效率，而且可以在无形之中督促自己努力工作，按时或超额完成计划。

制订可行的工作计划和执行计划时要注意，也许你愿意用硬性的东西约束自己，或希望有充分的灵活性，甚至等自己有了灵感的时候再动工。可是万一你正好没有灵感，整个一星期都没兴致工作的话，该怎么办呢？这样下去，你就可能失去持之以恒的耐心，对自己的创造能力产生怀疑。

至少在开始的时候，你可以为自己安排一段独处的时间，思考自己的专长。按照进度，循序渐进，你将能做更多的工作——如果你想出类拔萃的话；如果你给自己安排的工作进度并不过分，可探究还是抗拒它的话，譬如，找借口拖延工作进度，那么你就得探究一下自己的动机了。

计划的制订，将迫使你扪心自问这个严酷的问题：我真的想做这件事吗？即使进行得不太顺利，我还是按部就班地做吗？如果答案是肯定的，那么你是真的想获得成功，合理的计划表可以帮助你坚持下去。

第二，拥有越挫越勇的劲头。有的失败会转眼便被我们忘记，有些挫折却会给我们留下深深的伤痛。但是，无论如何，我们都不应该因为挫折而停止前进的脚步，每个人都必须为目标而奋斗。如果你不继续为一个目标奋斗，那么你不仅会失去信心，还会逐渐忘记自己有个目标；如果你不再继续坚持的话，就会开始怀疑是否能成功地实现计划所定的目标。

有时你也许会因为目前完不成一个小的目标而改做其他的尝试，这种随便的做法是一种变相的放弃。千万不要拿困难做借口，改做另一个计划。

第三，既然有计划，就要努力实现它。当你坚持完成计划的要求，实现成功的目标后，会更加坚定地做完以后的工作，这对培养不轻言放弃的习惯会有很大帮助。如果不把事情做完的话，你会觉得自己像个没有志气的懒虫；以后如果你不敢肯定是不是能把工作完成的话，就很难再开始做一件新的事情。这是非常重要的一点。因为从事的工作可以只花几个小时，也可能会花许多年工夫，不管花多少时间，你都得面临这个问题：是努力完成这项工作呢，还是放弃它？你最好从开始时就搞清楚，自己是不是真的想完成它。如果不是，你何必花这些心力呢？

如果你是某一领域的专业人员，你的成功目标就是成为这一领域的翘楚，那么就不能单是把计划完成，你必须把作品展示出来，接受别人的批评。不要把你的小说只给一家出版社看，如果这一家不接受的话就全盘放弃；你必须再接再厉，给很多家出版社看，一定要给自己的作品充分的展示机会。

如果你为了完成这个计划已经付出了很多，那就坚持下去，也许最艰难的时候，就是离成功最近的时候。

作为竞争者，一定要先巩固到手的利益，再开拓新的市场。不能像狗熊掰棒子一样，掰一个扔一个，到最后什么也没得到；也不要在对手的攻击下乱了分寸、慌了手脚，做出一些贸然的举措和决策。无论何时，无论何种情形之下，抓紧到手的利益才是上策。

史密斯原则：学会与对手合作

竞争，不单单意味着“你死我活”的争斗，也存在着“你为我用，我为你用”的合作。螳臂不能挡车，鸟卵不能击石，如果不能战胜对手，与其自寻死路，不如加入到他们之中去，学会与你的对手合作，达到一种双赢的结果。

从前，有一个农夫靠种地为生。一天，他见自己的农田旁边长有三丛灌木，越看越不顺眼。他认为这些灌木毫无用处，而且还耽误其种地。于是，他决定把这些灌木砍掉当柴烧。可他并不知道，每丛灌木中都住着一群蜜蜂。如果他把灌木砍了，蜜蜂们就无家可归了。因此，在农夫砍第一丛灌木时，里面的蜜蜂出来苦苦哀求：“亲爱的农夫，您把灌木砍了也得不到多少柴火，请您行行好，就看在我们为您传播花粉的份儿上，不要砍这丛灌木了！”农夫看看这些令他讨厌的灌木，摇摇头说：“即使没有你们，也会有别的蜜蜂为我传播花粉的。”说着，抡起手中的斧头把第一丛灌木砍掉了。

第二天，农夫又来到农田边要砍第二丛灌木。突然，一大群蜜蜂飞了出来，对农夫嗡嗡叫道：“可恶的农夫，你胆敢破坏我们的家园，我们就蛰死你！”说着，就朝农夫脸上蛰去。农夫的脸上立即出现了几个大包，又疼又痒。农夫怒不可遏，一把火烧了第二丛灌木。

第三天，当农夫正要砍第三丛灌木的时候，住在里面的那群蜜蜂的蜂王飞了出来，对农夫说："睿智的农夫啊，您难道真的要砍掉这些灌木吗，难道您没有意识到它会给您带来多少好处吗？我们蜂窝每年产出的蜂蜜和蜂王浆够您一年的吃喝；而这丛灌木质地细腻，养大了也准能卖个好价钱。"听了蜂王的话，农夫举着斧头的手慢慢放了下来。他觉得蜂王言之有理，决定与蜜蜂合作，做蜂蜜的生意。

第三群蜜蜂之所以保住了自己的家园，靠的不是恳求和对抗，而是与对手合作。天下熙熙皆为利来，天下攘攘皆为利往，没有永远的敌人，只有永远的利益。农夫砍灌木是为了自己的利益，蜜蜂用更大的利益打动了农夫，用合作的方式留住了自己的家园。

当你的力量比对手弱时，恳求是不能引起同情的，反而会让对手更加瞧不起你，更想早些把你除掉；硬碰硬地对抗，敌我悬殊太大，只能是自取灭亡；这时只有智取，与对手合作，用利益打动他，达到双赢的目的。当然，要想让强大的对手与不起眼的你合作，就必须让对手看到与你合作的利益会大大超过不合作，这样才能让对手下定决心与你合作，而不是与你为敌；而对于力量相对弱小的你来说，与强大的对手合作只有利而没有弊。不要以为是对手，就一定要摆出势不两立的派头来，其实在利益的追逐中，今天的敌人也许就是明天的伙伴。

还有这样一个故事：

在一个产柿子的地方，每年的秋天等柿子成熟后，当地的农民都不会把每棵树上的柿子都摘完，而是留着树顶上的柿子不摘。外地人到那儿看到后都不太明白，就问这些农民为何不把那些柿子都摘去卖了。当地农民给了一个让他们很讶异的答案："这些柿子是留给乌鸦的。"乌鸦？为什么会留给乌鸦呢？他们想不明白。那些农民就说："树上有柿子，乌鸦才会来，乌鸦来吃柿子，也会吃树上的虫子，这样柿子树就不会生病，就能保证明年柿子大丰收了。”

这些农民也是在与敌人合作，乌鸦喜欢吃柿子，有时趁农民不备就会偷吃。既然如此，农民主动地给乌鸦留下一点柿子，让它们帮忙捉虫，这就是双赢。

在商场上也是如此，要学会与自己的对手合作，在竞争中求进步，在合作中获利益。

竞争与合作从来都不是对立的，它们是相互依存的，与竞争对手合作、与合作伙伴良性竞争，在竞争、合作中互相学习、共同进步。一切以更好的发展为目的，无所谓敌人朋友，只要存在共同的利益，都可以一起合作达到共赢。

你可能不敢相信，为了能养出更好的羊来，牧场主甚至可以与狼合作。

有一个牧场主养了许多羊。因为其牧场所在的地方有狼，所以他的羊群总是受到狼的袭击。今天死两只、明天死两只，渐渐地羊群的数量越来越少。牧场主为此非常生气，对狼更是恨之入骨。有一天，又有几只羊被狼咬死了。牧场主再也忍受不了了，就花钱请了几位厉害的猎人把附近的狼全都消灭了。他想，这下可以高枕无忧了，而结果却让他大吃一惊。没有狼后，羊变得很懒散，吃吃睡睡生活很舒适，可它们的肉质变差了，羊出栏后的销路大大不如以前。牧场主想不通这是为什么，现在他的羊越来越多了，却因为羊肉卖不上价，赚的钱还不如以前有狼的时候多。带着疑问，他去咨询了专家。原来，都是他自己闯的祸。他把狼给消灭了，羊没有了天敌追赶也懒得跑动，这样羊肉的质量就会下降，自然影响到了价格；而且没有了狼，羊的繁殖越来越快，对当地的草场也不好，如果草场破坏过大，牧场主还得花大价钱修复草场，这更不划算了。专家的建议是，请狼回来，与狼共处。牧场主没有办法，只好从其他地方买了几只狼回来，将信将疑地等待结果。不出专家所料，狼回来后，羊的肉质上去了，草场也得到了应有的保护。牧场主终于明白了，狼不只是他的敌人，还可以是他的朋友、他的合作伙伴。

如果我们只讲求合作而放弃竞争，一味地为别人搭桥铺路，那别人就会先到达目的地，而自己只有等待失败收场；相反，如果我们只注意竞争而忽视合作，一心只想拆别人的桥，反而会延误自己的正事，依然无法获胜。所以，要在竞争中合作、在合作中竞争，求得双赢。

罗杰斯论断：未雨绸缪，有备无患

对待问题的态度应该像对待疾病的态度一样，在身体有些不适的时候就要及时治疗以免病情发展得更为严重，甚至无法医治，对问题也是这样，及早地预见问题，将其消灭于萌芽状态，才能有效地解决问题。

真正精明的人对自己所处的环境总是富有洞察力，一旦察觉到对自己不利的势力，在刚看出端倪时就会出手打压，将其扼杀在摇篮之中。否则，坐视其发展壮大到和自己旗鼓相当，甚至强于自己时，就会养虎为患，一切都来不及了。

在生活中，学会未雨绸缪、防微杜渐，将一切不利的因素消除在萌芽状态，将自己的危险降到最低，无疑是明智之举。

未雨绸缪、防微杜渐是人生智慧。在竞争之中，常常强调“冬天”的人，日子未必艰难；一直浸润在“春天”里的人，“冬天”或许会提前到来。

微软公司创始人比尔·盖茨常说：“微软离破产只有 18 个月。”居安思危是审时度势的理性思考，是在超前意识前提下的反思，是不敢懈怠、兢兢业业、勇于进取的积极心志。

世界著名的信息产业巨子、英特尔公司前总裁安迪·葛罗夫在功成身退之后回顾自己创业的历史时曾深有感触地说："只有那些危机感和恐惧感强烈的人，才能够生存下去。"

英特尔刚刚成立时葛罗夫在研发部门工作。1979 年，葛罗夫出任公司总裁。刚一上任他便立即发动攻势，声称在一年内从摩托罗拉公司手中抢夺 2000 个客户，结果英特尔最后共赢得 2500 个客户，超额完成了任务。此项攻势源于其强烈的危机意识，他总担心英特尔的市场会被其他企业占领。1982 年，由于美国经济形势恶化、公司发展趋缓，他推出了"125% 的解决方案"，要求雇员必须发挥更高的效率，以战胜咄咄逼人的日本企业。他时刻担心日本会超过美国。在销售会议上，身材矮小、其貌不扬的葛罗夫用拖长的声调说："英特尔是美国电子业迎战日本电子业的最后希望之所在。"

危机意识渗透到了安迪·葛罗夫经营管理的每一个细节中。1985 年的一天，葛罗夫与公司董事长兼 CEO 摩尔讨论公司目前的困境。他问："假如我们下台了，另选一位新总裁，你认为他会采取什么行动?"摩尔犹豫了一下，答道："他会放弃存储器业务。"葛罗夫说："那我们为何不自己动手?"1986 年，葛罗夫为公司提出了新的口号——"英特尔，微处理器公司"，帮助英特尔顺利走出了这一困境。其实，这皆源于他的危机意识。

1992 年，英特尔成为世界上最大的半导体企业。此时英特尔已不仅仅是微处理器厂商，而是整个计算机产业的领导者了。1994 年，一个小小的芯片缺陷将葛罗夫再次置于生死关头。12 月 12 日，IBM 宣布停止发售所有奔腾芯片的计算机。预期的成功变成泡影，一切变得不可捉摸，雇员心神不宁。12 月 19 日，葛罗夫决定改变方针，更换所有芯片，并改进芯片的设计。最终，公司耗费相当于奔腾 5 年广告费用的巨资完成了这一工作。英特尔活了下来，而且更加生气勃勃，是葛罗夫的性格和他的危机意识再次挽救了公司。

在葛罗夫的带领下，英特尔把利润中非常大的部分花在了研发上。葛罗夫那句“只有恐惧、危机感强烈的人，才能生存下去”的名言已成为英特尔企业文化的象征。

居安思危方可安身，贪图逸豫则会亡身。只有如葛罗夫那样充满了危机意识，我们才能在激烈的竞争中保持不败。每一个竞争者都要把葛罗夫的例子装在心中，将“永远让自己处于危机与恐惧中”的话记在心中。只有时时提醒自己不断进步，才能在竞争激烈的环境中生存下来，开创出属于自己的一片天地。

未来是不确定的，计划在不确定因素面前无能为力，所以你必须随机应变，前提是你必须拥有确定的目标和长远的计划。

我们很容易被眼前的利益蒙蔽双眼，从而忽视潜伏于远方的危险，在不知不觉中失败。因此，我们一定要高瞻远瞩，培养自己预见未来的能力。

公元前415年，雅典人准备攻击西西里岛，他们以为战争会带来财富和权力，但是他们没有考虑到战争的危险性和西西里人抵抗的顽强性。由于求胜心切，战线拉得太长，他们的力量被分散了，再加上西西里人团结一致，他们更难以应付了。雅典的远征导致了自身的覆灭。

胜利的果实的确诱人，但远方隐约浮现的灾难更加可怕。因此，不要只想着胜利，还要想到潜在的危险，这种危险有可能是致命的。不要为眼前的利益而毁了自己。被欲望蒙蔽了双眼的人，他们的目标往往不切实际，会随着周围状况的改变而改变。

我们应时刻保持清醒的头脑，根据变化随时调整自己的计划。世事变幻莫测，我们必须要具有一定的预见未来的能力。过分苛求一项计划是不明智的，实现目标可以有多种途径，不要抓住一个不放。

预见未来的能力是可以通过实践探索慢慢培养的。要有明确的目标，但必须实事求是地对客观现状进行分析评估；计划要周密，模糊的计划只能让你在麻烦中越陷越深。

波特法则：不求第一，但求独特

被誉为“竞争战略之父”的哈佛商学院教授迈克尔·波特说：“不要把竞争仅仅看作是争夺行业的第一名，完美的竞争战略是创造出企业的独特性——让它在这一行业内无法被复制。”

由其提出的波特法则指出，防止完全竞争最为有效的途径之一，就是要从根本上阻止战斗的发生。要做到这一点，对自己的产品就必须有独特的定位，自己的竞争策略就要有独到之处。这方面，比尔·盖茨为我们做了一个非常成功的示范。

几年前的某一天，比尔·盖茨从其西雅图总部附近的一家餐馆走出来，一个无家可归者拦住他要钱。给点钱自然是小事一桩，但接下来的事却令见多识广的比尔·盖茨也目瞪口呆——流浪汉主动提供了自己的网址，那是西雅图一个庇护所在互联网上建立的地址，以帮助无家可归者。

“简直难以置信，”事后盖茨感慨道，“Internet 是很大，但没想到无家可归者也能找到那里。”

今天，比尔·盖茨的微软给互联网带来了统一的标准，也带来了前所未有的垄断。其视窗（Windows）操作系统几乎已成为进入互联网的必由之路，全世界各地的个人电脑中，92% 在运用 Windows 软件系统。更值得一提的是，过去两年来，微软共投资、收购了 37 家公司，表面看起来好像是一种随心所欲的资本扩张行为，但只要把这 37 家公司排在一起分门别类，立刻就会令人大惊失色！因为这 37 家公司所代表的竟然是网络经济的三大命脉：互联网络信息基础平台、互联网络商业服务、互联网络信息终端。微软不仅统治了现在的个人电脑时代，而且已经开始着手统治未来的网络时代！难怪美国司法部要引用反垄断法控告微软。

但比尔·盖茨从容地说："微软只占整个软件业的 4% 份额，怎么能算垄断呢?"

盖茨的话也自有其道理，因为软件的形态与工业时代的规模和产品建立的垄断已有明显区别。实际上，微软已不仅仅是单纯的垄断，只有"霸权"才能更确切地描述微软的真实。因为操作系统是整个电脑业的基础，微软以核心产品的垄断获得了对整个软件行业的霸权，使得垄断操作"稀释"和掩饰在更大范围的霸权之中，与单纯的数量份额和比例等有关垄断的硬性指标已无明显关系。

这种软件业的霸权是一种独特的霸权，是知识的霸权、创新的霸权，更是盖茨在竞争中的独特定位。

所以，要想在激烈的竞争中立于不败之地，你可以不求第一，但一定要求独特。

卡贝定律：走不通就要另辟蹊径

不是所有的事情都是坚持才会有好的结果，有的时候懂得放弃才是上策。人生有限、机会有限，选择最有利于自己的、放弃那些不适合的，这样你才能用最短的时间，付出最少的成本，获得最大的利益。不要固执，走不通就另辟蹊径，不要在没有结果的事情上投入太多精力。

在印度的热带丛林里流传着一种奇特的捕猴法。这里的人们在捉猴子时会先拿出一个小木盒，在木盒里装上猴子爱吃的坚果，然后把盒子固定起来，再在盒子上开一个刚好够猴子的前爪伸进去的小口。这样猴子一旦抓住坚果，爪子就抽不出来了。用这种方法，常常能捉到猴子。这全是因为猴子的一种习性：不肯放下已到手的东西。这时，人们总是嘲笑猴子的愚蠢：为什么不松开爪子放下坚果逃命呢？但在现实生活中，又有多少像这些猴子一样的人在犯着同样的错误呢。

懂得放弃，是放弃错误、收获光明。不要像这猴子一样，为了一点蝇头小利而丢掉性命，也不要不撞南墙不回头，发现此路不通就要赶快另取他路。人生有很多种选择，不要以为放掉了一个就失去了所有，有时候只有放弃了才能获得。

瑞士军事理论家菲米尼有句名言："一次良好的撤退，应与一次伟大的胜利一样受到奖赏。"该放弃的时候要勇于放弃，放弃需要更多的勇气与智慧。

在生活中，当我们努力争取的东西与目标无关，或者目前拥有的东西已成为负累、或者劣势大于优势时，那么坚持还不如放弃。当你放弃了不该追求的东西后，你可能会突然发现，自己已经拥有了曾争取过而又未得到的东西。就像电影《卧虎藏龙》里那句经典台词说的一样："当你紧握双手，里面什么也没有；当你打开双手，世界就在你手中。"你越是拼命想抓住的东西，就越是得不到；相反，如果你学会了放弃，会发现幸福就在身边。

人的时间和精力都是有限的，不可能得到所有你想要的东西，你只能挑最想要的为之奋斗。想要拥有一切的人，往往最终什么也得不到。在未学会放弃之前，你将很难懂得什么是争取。如果不懂得放弃，就无法做出决策。

以个人或企业的发展为例，我们不可能在竞争中做到万无一失，只能放弃一些不利于发展或者对个人、企业帮助较小的东西，来谋取更大的收获。过去的成就，不代表将来的辉煌，决策者要懂得放弃光环。

大多数人都很难拒绝过去那些效果很好的技术和战略对我们的诱惑，也很难看到采用新战略和新技术的必要性。不伸开拳头，就很难抓到更多更新的东西，所以不要固守过去，也不要坚持错误，只有懂得放弃，才能开创更美好的天地。

长期居于世界手表行业销售榜首位的日本钟表企业精工舍，之所以会有这样的成就，就是因为该企业的第三任总经理服部正次的放弃战略。作为钟表企业，都会把瑞士这个钟表王国作为对手，以努力提高自己的质量，服部正次也不例外。在他上任初期，他一直把企业的发展方向定为质量赶超瑞士，可结果却很不理想，10 多年的努力几乎是白费力气。就是在这时，服部正次清楚地认识到与瑞士比质量是行不通了，于是他迅速带领精工舍另寻新路，不再在机械表上比质量，而是研发出比机械表更好的新产品。有了这个思路后，服部正次就带领自己的科研人员刻苦钻研，终于在几年后开发出了比机械表走时更准确的石英电子表。产品一经推出，就大获全胜，甚至赢得了世界手表销售首位的荣誉。

这就是懂得放弃的回报，那条路被堵死了，没必要非得把它闯开，走另一条路也能看到柳暗花明，说不定景色还更加秀丽呢。在竞争中，我们一定不要犯固执己见的错误，也不要贪得无厌，懂得适时地放弃才是成功的保证。

上帝在关上一扇窗的时候，会打开另一扇窗，或者打开一扇门。所以，不要害怕失去，失去的同时你可能会得到更多。

在选择中要懂得放弃，只有放弃了错误才能走向正确。比尔·盖茨曾说过："人生是一场大火，我们每个人唯一可做的，就是从这场大火中多抢一点东西出来。"在火中抢东西，一定要注意主次，没有多少时间供我们考虑，应尽可能挑最重要的拿，而放弃那些相比之下次要的东西。

在竞争中，我们不可能每个机会都去尝试，也不可能每个领域都获得成功，放弃自己不擅长的，放弃没有结果的尝试，放弃过多的欲望，放弃错误的坚持。这样，才能成为真正的赢家。

一个青年去向一位富翁请教成功之道。富翁什么话也没说，从冰箱里拿出三块大小不等的西瓜放在青年面前，问道："如果这里的每块西瓜代表一定程度的利益，你会选哪块?"青年人不假思索，直接答道："当然是最大的那块!"富翁笑了："那好，请用吧!"说着，富翁把最大的那块西瓜递给了青年，而自己却拿起最小的那块吃了起来。很快，富翁就把手里那块最小的西瓜吃完了，然后得意洋洋地拿起剩下的那块西瓜在青年面前晃了晃，又大口吃了起来。青年顿时明白了富翁的意思：这些西瓜都代表着一定程度的利益，谁吃得最多谁拥有的利益就最大。虽然自己挑了最大的，可富翁却比自己吃得多，那么富翁占的利益自然也比自己多。

想在竞争中取胜，其实就像吃西瓜一样，要想使自己有大的发展，成为最后的赢家，就要有战略的眼光，要学会放弃。只有懂得适时地放弃，才能收获更多的利益。

第二章

成功失败法则

墨菲定律：从失败中吸取教训

众所周知，人类即使再聪明也不可能把所有的事情都做到完美无缺。正如所有的程序员都不敢保证自己在写程序时不会出现错误一样，容易犯错误是人类与生俱来的弱点。这也是墨菲定律一个很重要的体现。

要想取得成功，我们不能存有侥幸心理，想方设法回避错误，而是要正视错误，从错误中吸取经验教训，让错误成为我们成功的垫脚石。关于这一点，丹麦物理学家雅各布。博尔就是最好的证明。

一次，雅各布·博尔不小心打碎了一个花瓶，但他没有像一般人那样一味地悲伤叹息，而是俯身精心地收集起了满地的碎片。

他把这些碎片按大小分类称出重量，结果发现：10～100 克的最少，1～10 克的稍多，0·1 克和 0.1 克以下的最多；同时，这些碎片的重量之间表现为统一的倍数关系，即较大块的重量是次大块重量的 16 倍、次大块的重量是小块重量的 P3 倍、小块的重量是小碎片重量的 16 倍……

于是，他开始利用这个“碎花瓶理论”来恢复文物、璜石等不知其原貌的物体，给考古学和天体研究提供了意想不到的思路。

事实上，我们主要是从尝试和失败中学习，而不是从正确中学习。例如，超级油轮卡迪兹号在法国西北部的布列塔尼沿岸爆炸后，成千上万吨的油污染了整个海面及沿岸，于是石油公司才对石油运输的许多安全设施重新加以考虑。还有，在三里岛核反应堆发生意外后，许多核反应过程和安全设施都被改变。

可见，错误具有冲击性，可以引导人想出更多细节上的事情。只有多犯错，人们才会多进步。假如你工作的例行性极高，你犯的错误就可能很少。但是如果你从未做过此事，或正在做新的尝试，那么发生错误就在所难免。发明家不仅不会被成千的错误所击倒，而且还会从中得到新创意。在创意萌芽阶段，错误是创造性思考必要的副产品。正如耶垂斯基所言："假如你想打中，先要有打不中的准备。"

在现实生活中，每当出现错误时，我们通常的反应都是："真是的，又错了，真是倒霉啊！"这就是因为我们以为自己可以逃避"倒霉""失败"等，总是心存侥幸。殊不知，错误的潜在价值对创造性思考具有很大的促进作用。

在人类社会的发明史上，就有许多利用错误假设和失败观念来产生新创意的人。哥伦布以为他发现了一条到印度的捷径，结果却发现了新大陆；开普勒发现了行星间引力的概念，却是偶然间由错误的理由得到的；爱迪生也是知道了上万种不能做灯丝的材料后，才找到了钨丝……

所以，要想迎接成功，就应先放下侥幸心理，加强你的"冒险"力量。遇到失败，从中吸取经验，尝试寻找新的思路、新的方法。那么，期待成功的你，不要再被一时的失败所左右了，在哪里跌倒，就在哪里爬起来吧！

韦特莱法则：做别人不愿意做的事

有这样一句话："思想有多远，你就能走多远。"其中的道理很简单——先要敢想，才能做大事。换言之，先有超人之想，才有超人之举。

在生活中，大人都喜欢问小孩一个问题：长大后想要做什么？这是一个关于梦想的问题，更是测试志向的问题。如果小孩回答以后想要做国家主席、科学家或富豪之类的，大人会说他有志气、有出息。只有敢于为自己设计远大的理想，才能成就大事业。像伟人周恩来，从小就有"为中华崛起而读书"的远大志向，最终也为中华的崛起做出了巨大的贡献。一个人要想成功，就要敢于想象。

这个想象，不是空想，是一种自信、是一种勇敢。每个人都想成功，但很多人都缺少这种自信和勇气。而那些成功的人往往多的也就是这点自信和勇气，就像在美国历史上颇有作为的林肯总统，在被记者问及他之前的两届总统之所以没有签署《解放黑奴宣言》是不是要留给他来成就英名时，他说道："可能有这个意思吧。不过，如果他们知道拿起笔需要的仅仅是一点勇气，我想他们一定会非常懊丧。"一个人之所以没有成功，缺少的往往不是机会，而是敢于把握机会的勇气。林肯敢于把握机会，最终名扬天下，而他之前的两任总统却因缺乏勇气而“错失了良机”。

“敢想敢干”，是在成功者的评语中出现频率最高的词之一，没有想法就不会有作为。人生就好比一个“梦工厂”，没有大胆的想象就不可能有惊人的举动。激烈的竞争，从来不容许懦夫成功。那些取得成功的人，与你没什么两样，如果说有区别的话，那就是他们想了你们不敢想的事、做了你们不敢做的事。

20世纪初期，美国的汽车大王亨利·福特为了使汽车具有更好的性能，决定生产一种有8只汽缸的引擎，而这在当时的技术条件下几乎是不可能实现的。但是，亨利·福特却不这样认为，他给工程师们下达了完成“不可能任务”的死命令——无论如何也要生产这种引擎，去做，直到你们成功为止，不管需要多长时间。结果，8只汽缸的引擎真的被工程师们给制造出来了，福特的想法最终实现了。

可见，只要你敢想，就有可能会成功；如果你连想都不敢想，那今生肯定与成功无缘。

孟子曰：“故天将降大任于斯人也，必先苦其心志，劳其筋骨，饿其体肤，空乏其身，行拂乱其所为，所以动心忍性，曾益其所不能。”就是说，能成就大业的人，都要经历一个痛苦的过程，出乎意外，才能得乎意外。就像美国管理学家韦特莱提出的韦特莱法则：成功者所从事的工作，是绝大多数人不愿意去做的。所以许多时候，他们的成功只是因为他们做了许多人不以为然、不愿意去做的事情而已。

小李中专毕业，找到了一份在影楼做销售的工作。他知道自己的学历低，比不上那些大学生、研究生，所以就尽量做些别人不愿意做的事。比如，提前来上班，往饮水机里加水、主动打扫卫生、帮同事订盒饭等等，没想到连续这样做了几周后，他不但和同事都成了好朋友，连平时没怎么注意过他的老板也开始夸其勤快能干了。他很高兴，干起这些事来更加起劲了。两个月后，影楼分店要选拔店长，小李意外地被选中，成为影楼最年轻的店长。

老子云："天下难事，必作于易。"意思是说，天底下最难的事都是从最容易的事开始做起的。所以，想要成功，就从别人不愿意做的事做起吧。

王安论断：成功源于果断的决策

“花开堪折直须折，莫待无花空折枝。”机会是上帝赐予的“金苹果”，一不小心就会溜走。所以，当你感觉那是个机会的时候就要果敢决策，这样才能获得成功。

从前，在一个山林里住着一只神鸟，传说如果谁抓到它，谁就会有好运。一个想要改变自己命运的年轻人听说了这件事后，决定上山去捉那只神鸟。他想到山上肯定有不少荆棘，就拿出斧头花了不少时间把它磨快。斧头磨好后，他又想到中午的时候肯定会很热，还是带些水为好，于是又花了很长时间洗净水壶的污渍，灌了水带上。拿着斧头和水壶走到半山腰的时候，他又想到，如果捉到了神鸟还没有东西可以装它。为此，他又跑回家用藤萝编了个笼子。而笼子编完了，太阳也下山了。当他带着笼子爬上山时，神鸟早已飞走了。而这只神鸟只会在同一个地方待一天，日落之前就会飞到另一个地方去。这个年轻人再也没有遇到过那神鸟。

所以，当你要做一件事时，就要果敢决策，不要前怕狼后怕虎的。在你犹豫的时候，难得一见的神鸟说不定就飞走了。

“罗非鱼大王”——周勤富的创业史，就是一部果敢决策史。他的每一次致富经历，都是其敢于果敢决策的结果。

上世纪80年代，我国的海南岛还只是个以农业种植为主的“南国荒岛”，养殖业可以说是一片空白。1985 年，“开发海南岛”的口号刚刚喊响，年仅 20 岁、在家乡学了两年养殖的周勤富觉得这是个机会，就果敢地与海南的一家事业单位合作投资养殖业。他带着自己的 12000 只鸭子挺进荒岛，不仅促进了海南养殖业的发展，更为自己赚得了第一桶金。可市场说变就变，1988 年鸭蛋的价格跌落了很多，合作方要求取消合作，周勤富一个人根本就抵挡不住市场的压力。最终，他不得不含泪卖掉自己带到海南去的 12000 只鸭子。但他相信，禽蛋市场还会“回暖”的。于是，1989 年他又果敢地向人借钱重新办起了养鸭场。事实证明，他的预测和决策都是正确的，他的养鸭场不仅很快还清了债务，而且还实现了持续盈利。1990 年，鸭蛋市场几乎达到饱和，周勤富又开始为自己寻找更好的发展途径。

一个偶然的机会，他从一个台湾商人那里听到了关于罗非鱼的信息。根据海南的气候和自己的养鱼经验，他果敢地做出了转行养殖罗非鱼的决策。那个时候，罗非鱼的市场尚待开发，而海南正好具备养殖条件，周勤富再一次靠着自己果敢的性格开创了属于自己的“罗非鱼时代”。

周勤富的成功，可以说是上天的眷顾、是机会的垂青，但如果没有他的果敢决策，任何眷顾和垂青都会变得没有一点意义。因此，正是他的果敢决策成就了他，创造了他的财富王国。

其实，这样的例子在商界数不胜数，在金融领域，更是如此。无论是股票、基金、期货还是外汇，只要你看准机会、果敢决策，当抛则抛、当买则买，那肯定会大赚。而如果你看到了机会却始终不敢出手，犹豫再三，那么只能一失再失赚钱的良机。

总之，无论是在生活中还是在工作上，都要做一个干脆利落、当机立断的人。至于领导、管理者，在面对机遇或灾难时更应该当机立断、果敢决策。只有这样，才能使成功的几率大大增加，将损失降至最低。所以，从今天起，做一个当机立断、果敢决策的人吧。

洛克定律：确定目标，专注行动

目标，是赛跑的终点线、是跳高的最高点，是篮圈、是球门，是一个人要做一件事所要达成的自己，是奋斗的方向。没有目标，人就会变成没头的苍蝇，盲目而不知所措。没有目标，你终会因碌碌无为而悔恨；没有目标，你就很难与成功相见。

人要有一个奋斗目标，这样活起来才有精神、有奔头。那些整天无所事事、无聊至极的人，就是因为没有目标。从小就要为自己的人生制定一个目标，然后不断地向它靠近，终有一天你会达到这个目标。如果从小就糊里糊涂，对自己的人生不负责任，没有目标没有方向，那这一生也难有作为。每个人出门、都会有自己的目的地，如果不知道自己要去哪里，漫无目的地闲逛，那速度就会很慢；但当你清楚自己要去的地方，你的步履就会情不自禁地加快。如果分辨不清自己所在的方位，你会茫然若失；一旦你弄清了自己要去的方向，便会精神抖擞。这就是目标的力量。所以说，一个人有了目标才会成功。

美国哈佛大学曾经做过一项关于“目标”的跟踪调查，调查的对象是一群智力、学历和环境等都相差不多的年轻人。调查结果显示：90% 的人没有目标；6% 的人有目标，但目标模糊；只有 4% 的人有非常清晰明确的目标。20 年后，研究人员回访发现，那 4% 有明确目标的人，生活、工作、事业都远远超过了另外96%的人。更不可思议的是，4%的人拥有的财富超过了96%的人所拥有财富的总和。由此可见目标的重要性。

一位哲人曾经说过，除非你清楚自己要到哪里去，否则你永远也到不了自己想去的地方。要成为职场中的强者，我们首先得要培养自己的目标意识。古希腊彼得斯说："须有人生的目标，否则精力全属浪费。"古罗马小塞涅卡说："有些人活着没有任何目标，他们在世间行走，就像河中的一棵小草。他们不是行走，而是随波逐流。"

在这个世界上有这样一种现象，那就是"没有目标的人在为有目标的人达到目标"。因为有明确、具体目标的人就好像有罗盘的船只一样，有明确的方向。在茫茫大海上，没有方向的船只能跟随着有方向的船走。

有目标未必能够成功，但没有目标的人一定不能成功。博恩·崔西说："成功就是目标的达成，其他都是这句话的注解。"顶尖的成功人士不是成功了才设定目标，而是设定了目标才成功。

目标是灯塔，可以指引你走向成功。有了目标，就会有动力；有了目标，就会有方向；有了目标，就会有属于自己的未来。

目标不是越大越好、越高越棒，而是要根据自己的实际情况制定出切实可行。这个目标不能太容易就能达到，也不能高到永远也碰不着，"跳一跳，够得着"最好。

这个目标既要有未来指向，又要富有挑战性。比如篮球圈定在那个高度是有道理的，它不会让你轻易就进球，也不会让你永远也进不了球，它正好是你努努力就能进球的高度。试想，如果把篮圈定在1.5米的高度，那进球还有意义吗？如果把篮圈定在15米的高度，还有人会去打篮球吗？所以，制定目标就像这篮圈一样，要不高不低，通过努力能达到才有效。

曾经有一个年轻人很有才能，得到了美国汽车工业巨头福特的赏识。福特想要帮这个年轻人完成其梦想，可是当福特听到这位年轻人的目标时不禁吓了一跳。原来，这个年轻人一生最大的愿望就是要赚到 1000 亿美元，超过福特当时所有资产的 100 倍。这个目标实在是太大了，福特不禁问道："你要那么多钱做什么?"年轻人迟疑了一会儿，说："老实讲，我也不知道，但我觉得只有那样才算是成功。"福特看着他，意味深长地说："假如一个人果真拥有了那么多钱，将会威胁整个世界，我看你还是先别考虑这件事了，想些切实可行的吧。"5 年后的一天，那位年轻人再次找到福特，说他想要创办一所大学，自己有 10 万美元，还差 10 万美元，希望福特可以帮助他。福特听了这个计划，觉得可行，就决定帮助这位年轻人。又过了 8 年，年轻人如愿以偿地成功创办了自己的大学——伊利诺斯大学。

所以说，如果一个人的目标定得过大，听起来很空洞，没有一点可行性，那这个目标只是一个空谈，永远没有可以兑现的一天。

保龄球效应：找准位置是成功的关键

有一家公司，由于经营不善而破产倒闭，被另一家公司兼并整合。年轻的张经理和他刚刚招收进公司的一名大学生同时被整合到新公司的一个部门，干起了同样的工作。

张经理因为当过领导，颐指气使惯了，不论是对待一同过来的大学生员工，还是对待新公司中的其他同事，总是一副领导的口气和表情，这使他的人际关系越来越差，许多同事都对其敬而远之，不愿看他那副依然盛气凌人的样子。时间一长，张经理就成为孤家寡人，因别人不愿意接近他、帮助他，使得他的工作业绩越来越差。

那名大学生员工由于刚刚进入企业，表现得特别谦虚好学，也特别平易近人和乐于助人，很快就和新公司的同事们打成了一片，业务技能不断提升，业绩也越来越好。

一年后，张经理因业绩下降、群众关系不好，在年度考评中未能通过考核，被新公司领导按规定调整待岗培训。那名大学生员工因为表现出色、业绩突出、群众关系好，考核为优，被新公司破格晋升为部门经理。

一日，张经理和那名大学生员工走到了一起，张经理不解地对那名大学生员工说："你只是一名刚刚出道的大学生，论经验、论阅历、论关系、论职务、论素质都比不上我，可为什么我们俩一同进入这家公司，一年后你却提升了，我反倒下岗了呢?!”那名大学生沉思了一下，意味深长地说了一句话：“也许，主要是因为我找准了自己的位置。”

张经理因为习惯了高高在上，在突如其来的工作变动后没有给自己进行很好的定位。而那名大学生刚从大学校园里走出来，能够从基础工作做起，扎实肯干、毫无怨言，自然在新公司做得得心应手。两个职场人不同的经历，可以说是“保龄球效应”的典型事例。

在打保龄球的时候，只有在合适的位置上才能够顺利将所有的瓶击倒。生活中也一样，人们要选择最适合自己的位置，因为位置的选择是成功的关键。

保龄球效应虽然来源于一项运动，但是它却给人们如何成功带来了很多启示。要想打好人生的“保龄球”，走向成功，人们应注意以下两个方面：

一方面，一个人要想使自己的才干得到充分的发挥，就要善于选择有利于自己发展的位置。最好的位置不一定就是适合自己的，要坚信适合自己的位置才是最好的。

雄鹰注定要与蓝天为伴。它虽为猛兽，有着锋利的爪和喙，但不能与狮子对抗，它属于天空，只有在天空才能找到其生存的位置，才能找到它的价值。

世间万物都有自己的位置，它们需要适合自己的位置，就连垃圾也不例外。环保学家反复对世人说，垃圾是放错了地方的资源。

千里马本身的素质固然重要，然而如若缺乏英明的伯乐，千里马也只能和普通马一样老死厩中，驰骋沙场、建立赫赫战功只能是遥远的幻想。毛遂自荐是为了实现自己的人生价值。

鲁迅如果当初从了医，那就太可惜了——他能救治一个个肉体上有病的国人，却不能救治精神上病魔缠身的国人。他的弃医从文唤醒并激励了一个又一个革命者，更为后人留下了无法估量的精神财富和文化遗产。可以说，正确选择自己的位置造就了鲁迅。

另一方面，如果无法改变自己的位置，那么就应该根据不同的位置调整自己的策略。

传说商朝末期，有个叫姜太公的有识之土，因不满于当时的黑暗政治，隐居在渭水边上，但又很想有朝一日能实现自己的政治抱负。他常常在渭水边钓鱼，钓法很奇特，鱼钩是直的，放在离水面三尺以上的地方，钩上没有鱼饵。过路人看到他这样垂钓都暗暗发笑，他却一本正经地说："愿者上钩来"。后来周文王打猎来到渭水边，与姜太公谈得很投机，就请他做了国师。于是，姜太公辅佐周文王、周武王消灭了商朝。姜太公在不得志的时候，没有怨天尤人，而是适时调整策略，韬光养晦、积蓄实力，耐心等待时机的到来。

没有人因为平凡而注定平庸，只要找准自己的位置，平凡的岗位一样会有生命的亮色，平凡的付出一样可以汇聚成江海。每个人都是自己的英雄，找准位置你会像蛟龙掠过浅滩小河，到浩瀚的海洋上激水三千；你会像大鹏飞越平地低空，在苍茫的天宇中扶摇直上。找准位置，绽放光彩。

借口定律：不为失败找借口，只为成功找方法

在生活、工作和学习中，你是否常常看到这样一些借口？

如果上班迟到了，会有“路上堵车”“手表慢了”的借口；考试不及格，又会有“出题太偏”“题量太大”的借口；工作完不成，则有“工作太繁重”的借口。

只要细心去找，借口总是有的，而且以各种各样的形式出现。许多人之所以失败，就是由于借口太多。当我们碰到困难和问题时，只要去找，也总是能找到的。不可否认，许多借口也是很有道理的，但恰恰就是因为这些合理的借口，人们心理上的内疚感才会减轻，吸取的教训也就不会那么深刻，争取成功的愿望就变得不那么强烈，成功当然就与我们擦肩而过了。

仔细想想，很多时候我们的失败不就是与找借口有关吗？不愿意承担责任，处处为自己开脱，或是大肆抱怨，认为一切都是别人的问题，自己才是受害者。

这样找借口的人往往把所有问题都归结到别人身上——“为什么我没有成功？那是因为工作不好、环境不好、体制不好。”“为什么我生活得不好？那是因为家庭不好、朋友不好、同事不好。”“为什么我会迟到？那是因为交通拥挤、睡眠不好、闹钟出了问题。”可以

想到，一旦有了“借口”，似乎就可以掩饰所有的过失和错误，就可以逃避一切惩罚了。

但是，这样不断地找无谓的借口，你永远也不可能改进自己。相反，你不断地找借口，糟糕的情况也就会不断地发生，你的生命也就会不断地出现恶性循环。

所以，你首先要改变的是自己的态度，由此才能实现良性循环。如果你是一个富有责任感的人，就不会轻易地为自己找借口，因为你知道借口不能解决任何问题。

你改变不了天气，但是你可以调整自己的着装；你改变不了风向，却能调整你的风帆；你改变不了他人，却可以改变你自己。所以，面对困难你可以调整内在的态度和信念，通过积极的行动消除一切想要寻找借口的想法和心理，成为一个勇于承担责任的人，不抱怨、不责怪、不为失败找借口的人。

你应当对自己说：“所有的问题都是我的问题，学习不好是我的问题，工作不好是我的问题，生活不好是我的问题。你是生活的主人——你必须有这样的认知，并以此来激励自己。”

要知道，成功也是一种态度，常常找借口的人是很难获得成功的。你尽可以悲伤、沮丧、失望、满腹牢骚，尽可以每天为自己的失意找到一千一万个借口，但结果是你自己毫无幸福的感受可言。你需要找到方法走向成功，而不要总把失败归于别人或外在的条件，因为成功的人永远在寻找方法、失败的人永远在寻找借口。

“没有任何借口”，让你没有退路、没有选择，让你的心灵时刻承载着巨大的压力去拼搏、去奋斗，置之死地而后生；只有这时，你内在的潜能才会最大限度地发挥出来，成功也会在不远的地方向你招手！

成功的人不会随便寻找任何借口，他们会坚毅地完成每一项简单或复杂的任务。一个成功的人就是要确立目标，然后不顾一切地去追求目标，并且充分发挥集体的智慧力量，最终完成目标、取得成功。

所以，我们应该拒绝借口，用决心、热心、责任心去对待生活。永远都要坚持百折不挠的挑战精神和没有任何借口的心态：奋斗，失败，再奋斗，再失败，再奋斗……直至最终的成功，这也是成功的法则。

任何社会似乎都可以找出两种人：成功者和失败者。根据二八法则，20%的人掌握着社会中80%的财富。什么原因让少数人比多数人更有力量？因为多数人都在找借口。20和80的区别在于：一种是不找任何借口做事情的人；另一种是光说不练，还整天找借口为自己开脱的人。

"我本来可以，但是……"

"我也不想，可是……"

"是我做的，但这不是我的错……"

"我本来以为……"

在现实生活中，我们经常会听到这类借口，生活中缺少的正是想尽办法去完成任务、不找借口的人。

美国人常常讥笑那些随便找借口的人说："狗吃了你的作业"。借口是拖延的温床，习惯性的拖延者通常也是制造借口的专家，他们每当要付出劳动或作出抉择时总会找出一些借口来安慰自己，总想让自己轻松一些、舒服一些。借口是推卸责任的表现，也是转嫁责任的方式，可以为自己制造一个安全的角落。习惯找借口的人，不可能成为企业称职的员工，在社会上也不会是值得大家信赖和尊重的人。

一个社会越推崇某种精神，就说明这个社会越缺少某种精神。把信送给加西亚的罗文在中国受到追捧，正说明敬业精神的缺失。然而，敬业并非只是一个简单的技巧问题，它首先是一个如何做人的问题。真正的敬业精神是基于对自我和他人的尊重、对事业和生活的热爱、对梦想和成功的渴望。对一个企业来说，只要员工具有敬业、负责的工作态度，用心做事，扎扎实实、积极主动、不找任何借口地去做事，员工就能实现最大的个人价值，企业就能拥有最完美、最坚强的执行力，就有实力在市场竞争中迎风激浪、无往不胜。

事业的成功说到底来自于人的能力（尤其是创造力）的真正发挥，而所有的工作归根到底也无非是对他人的服务、对自我生命价值的体现。因此，不找借口并不仅仅是一种工作态度，更重要的是，它是一种生活理念。在你人生的方方面面，你都应该信守这一理念。唯有如此，你才可能获得一种成功而又幸福的生活。

瓦拉赫效应：经营自己的长处

曾有一个叫奥托·瓦拉赫的人，上中学时，父母为他选了以文学为主攻点，可一学期下来，老师给他的评语竟为："瓦拉赫很用功，但过分拘泥，这样的人即使拥有完美的品德，也绝不可能在文学上发挥出来。"无奈，他又改学油画，但这次得到的评语更令人难以接受："你是绘画艺术方面的不可造就之才。"面对如此"笨拙"的学生，大多数老师认为他已成才无望，只有化学老师觉得他做事一丝不苟，这是做好化学实验应有的品格，建议他试学化学。谁料，瓦拉赫的智慧火花一下子便被点燃，并最终成了诺贝尔化学奖的得主……

这就是人们广为传颂的"瓦拉赫效应"。

比尔·盖茨，这位赫赫有名的世界级成功典范令无数的人仰慕不已。他的成功，与他把握住未来的大趋势，尤其是懂得经营自己的强项密不可分。

事实上，盖茨一开始就与伙伴保罗·艾伦看到了个人电脑将改变整个世界的趋势，他们两个人经常通宵达旦地探讨个人电脑世界将会是什么样子，对这场革命的到来深信不疑。对于初出茅庐的微软来说，"它将到来"是他们的坚定信念，而他们则为这将要到来的计算机时代精心开发软件。虽然自己没想到他们的公司能迅速跻身世界舞台的前列，并发挥出超凡的作用，但当时他们至少窥见了IBM或数字设备公司这样的主板生产公司已陷入到自身无法意识到的困境中了。“我记得从一开始我们就纳闷，像数字设备公司这样的微机生产商生产出的机器功能强大而价格低廉，那么他们的发展前景在哪里呢?”“IBM的前景又在哪里呢？在我们看来，他们好像把一切都弄糟了，而且他们的未来也将是一团糟。我们对上帝说，天啊，这些人怎么能不警觉呢，他们怎么能不震惊害怕呢?”

盖茨的技术知识是微软所向披靡的成功秘诀中最重要的一条，而这也正是他的核心强项，他始终保持着对这一领域的决定权。在许多时候，他比其的对手更清楚地看到了未来科技的走势。

微软公司的同事们都盛赞盖茨的技术知识让他独具优势。他总是能提出正确的问题，他对程序的复杂细节几乎了如指掌。“你会纳闷，他是怎么知道的呢?”布莱德·斯利夫伯格这位参加了视窗开发设计的人这样说过。

和盖茨个人以强项打天下的套路几乎如出一辙，微软公司把开发新产品作为全部事业的中心，根据市场需求推陈出新，发挥自身优势，力求变弱为强，深谋远虑、未雨绸缪，牢牢把握住了世界信息产业市场的未来。

微软与任何公司一样，实际上类似于一个动态的人体系统。它之所以能够有效运行，是因为微软人将竞争所需的各种技术能力和市场知识结合起来，并且把它们付诸行动。产品开发是微软所有事业的中心，公司的存亡和盛衰关键在于新产品：

微软还必须源源不断地增添有用功能来说服其成百万的现有顾客购买产品的新版本，虽然旧版本对于绝大多数人已经够用。为了保持市场份额在未来持续增长，微软计划创建种类繁多的、结合先进的多媒体及网络通信技术的消费性产品。显然，微软面临的一个关键问题是公司是否能够继续增进其开发能力，并且建立更大、更复杂的软件产品和以软件为基础的信息服务。就像我们已经指出的那样，微软还必须极大地简化这些中间产品，从而将它们成功地推销给世界上数十亿新兴家庭消费者。

不言而喻，微软公司今天的成功很大程度上得益于盖茨准确的市场定位和产品的推陈出新。人们公认微软公司的成功是由于“不停地创新”，而盖茨对未来形势精确的分析和其独有的战略眼光，以及对自己强项的经营程度，不仅为微软公司的员工，而且也为其对手所称道。

这一切，也正是“瓦拉赫效应”的典型体现，幸运之神就是那样垂青于忠于自己个性长处的人。正如松下幸之助所言，人生成功的诀窍在于经营自己的个性长处。经营长处能使自己的人生增值，否则必将使人生贬值。

吉格勒定理：有雄心才能成就梦想

古语云“欲求其上上，而得其上；欲求其上，而得其中；欲求其中，而得其下”，说的就是“起点高才能至高”的道理。制定一个远大的目标，即使你达不到，只要不断地加以努力，最终肯定也会有所作为。而如果定的目标很低，对于一点小小的成绩就心满意足，这种人肯定干不了什么大事。高尔基说：“目标愈高远，人的进步愈大。”有志向，才能谋大事。

有一首诗写道：“我向人生索价，似乎多一分也不肯给。当我已没有富余，到黄昏就不得不去乞讨。人生是一个正直的雇主，你所求的它都会给。一旦你决定了多高报酬，你就必须肩负多少工作。我的工作是贱役，但我又惊奇地发现了一个事实：倘若我向人生索取高价，人生也会乐于付给。”

它旨在告诉我们：你向人生开出多高的价码，就会收获多高的报酬。人生就是这样，你为自己定了多高的目标，便会达到多高的位置。当然，你也要付出相应的努力。

美国有一个志向高远的青年，即使穷困潦倒也不忘自己的梦想。当他全身上下的钱加起来还不够买一件像样的衣服时，却依然在为达成自己那看似“高不可攀”的目标而奔走。这个人就是席维斯·史泰龙。

在他一文不名、落魄无助的时候，从未放弃过自己的目标——把自己的剧本拍成电影，由自己来当主演。当时的好莱坞有500家电影公司，他根据自己的路线与排列好的名单顺序，带着自己写好的剧本一一前去拜访。第一次，全军覆没，500家电影公司全部拒绝。但是，史泰龙并没有灰心。他紧接着开始了第二轮拜访，但又一次被全部拒绝。之后他又开始了第三轮拜访、第四轮拜访。终于，在第四轮拜访中，第350家电影公司的老板同意了其要求。他的剧本拍成了电影，那就是获得1976年奥斯卡最佳影片奖和导演奖的《洛奇》。他也因主演此片而成为了日后无人不知的大明星。

试想，如果当时席维斯·史泰龙对自己有一点怀疑，认为自己不配拥有如此“空洞”的梦想，那么他永远也不可能成为明星，他的剧本也永无面世之日。

因此，无论你身在何处、地位如何，都要有远大的目标、高远的志向，然后不顾一切地为之努力，终有一天你会守得云开见月明。

“燕雀安知鸿鹄之志哉”“王侯将相宁有种乎”这两句话，是推翻秦朝的呐喊，更是雄心壮志的彰显。2000多年前，陈胜，一个将死之人，竟能说出如此鼓舞人心的话语，可见此人并非等闲之辈。果真，陈胜所领导的起义最终颠覆了强大的秦王朝。虽然不是他一人之力，虽然他没有亲眼看到最终的胜利，但是如果没有他的号召、他的雄心，那么也不可能有秦朝的迅速灭亡。一个人要有雄心壮志，只有这样才能成就大事。

西楚霸王项羽，就是个从小便有雄心壮志的人。小时候，他不认真好学习，叔父项梁骂他，他竟回道：“学文不过能记住姓名，学武不过能以一抵百，籍要学便学万人敌!”这是何等的壮志！一次秦始皇出巡，在渡浙江（钱塘江）时被项羽看到，他见其车马仪仗威风凛凛，便对项梁说："彼可取而代之。"这又是何等的雄心！虽然由于他性格的原因，他没有取得最后的胜利，但是其终究灭了秦朝，成为名传千古的西楚霸王。

曾经有个叫潘兹的年轻人，过着流浪汉一样的生活，但是他胸怀大志，想要成为大发明家爱迪生的合伙人。经过不懈努力，他果真进入了爱迪生的研究所。在最初工作的5年里，他一直属于不起眼的小角色，但其从未怀疑过自己的能力和志向。成为爱迪生的合伙人，这个雄心一直在激励着他前进。为此，他制订了详细的计划，忘我地工作，付出了全部精力。10年后，他的一切努力都没有白费，最终成为了爱迪生的合伙人。

现在的卑微不代表你就不能拥有成功的光辉，只要你有雄心壮志，并为之付出努力，皇天是不负有心人的。

中国有句古话叫：人人皆可为舜尧。土耳其有句谚语说：每个人的心中都隐伏着一头雄狮。曾"征服世界"的拿破仑说：不想当将军的士兵就不是好士兵。这些名言都讲了一个道理：做人要有雄心壮志，没有雄心壮志就很难有大作为。

每个人都可以取得成功，只是看你想不想、愿意不愿意。只要你立志要取得某方面的成功，并为之不懈地努力，那么你肯定会收获胜利的果实。总之，人无论身在何处、生在何时，都要胸怀雄心壮志。

第三章

人际关系法则

换位思考定律：将心比心，换位思考

曾经有位因不会与人交往而处处遭遇白眼的年轻人，非常苦恼地去找智者，希望智者能告诉他与人交往的秘诀。结果，那智者只送了他四句话："把自己当成别人，把别人当成自己，把别人当成别人，把自己当成自己。"年轻人当时不明白，以为智者不想告诉他秘诀，所以随便说了几句来敷衍他。而智者却说："你回去吧，这就是秘诀。你会明白的。"后来，这位年轻人反复琢磨，经过实践后，终于明白了智者的话，与人交往的秘诀其实就是换位思考。

中国自古就有"己所不欲，勿施于人"的古训，而西方的《圣经》中也有这样的教诲："你们愿意别人怎样待你，你们就怎样对待别人。"人与人的交往，都是将心比心的。只有懂得为别人考虑的人，才能获得别人的真情。在生活中，每个人所处的环境、地位、角色不同，所以每个人对同一个事物的想法也会有所不同，不要只从自己的立场出发来想事情，应懂得从别人的立场上看问题，这样你的观点才会更客观、你的胸怀才会更宽广、你的朋友才会更多，你的事业也会更成功。

这世上有很多争吵，都是因为我们不会从别人的立场上看问题而导致的。如果我们每个人都能站在别人的立场上为别人考虑，那么这个世界将变成爱的海洋、和谐美满的天堂。妻子总觉得丈夫不体贴，丈夫总觉得妻子不温柔；老师总觉得学生不听话，学生总觉得老师不讲道理；家长总觉得孩子不可救药，孩子则认为家长专治独裁；老板总认为员工爱偷懒，员工总觉得老板是吸血鬼……如果大家都只从自己的立场出发想问题，那将无法进行沟通和获得理解。

从前，有个男人厌倦了天天忙碌的工作，每天回家看到妻子总是会羡慕她的悠闲舒适。于是有一天，他向上帝祈祷，希望上帝把其变成女人，让他和妻子互换角色。结果，第二天祈祷灵验了：他变成妻子的模样，妻子变成了他的模样。他高兴极了，想着以后就能享受美好的悠闲生活了。可还没等他想完，妻子就抗议道："你怎么还不去做早餐，我上班要迟到了。"于是，他赶紧起床去做早餐。做完早餐，又去叫孩子们起床，给孩子们穿衣服、喂早餐，装好午餐，送孩子们上学。回到家后，又开始打扫卫生、洗衣服、到超市买菜，准备晚餐……只一天，他就受不了了，太累了，比他上班还累。第二天一醒来，他就祷告，请求上帝再把他变回去。而上帝却对他说："把你变回去，可以。但是，要再等 10 个月，因为你昨天晚上怀孕了。"

这个有意思的故事，说的还是换位思考的问题。不要以为别人的工作就比你轻松，别人就比你活得容易。

每个人都有每个人的责任，每个人都有每个人的忧喜。只有设身处地为他人考虑，你才能真正地了解他的想法、理解他的行为。

换位思考是一种态度，更是一种品德。懂得换位思考的人，才值得别人尊敬。如果你不想别人剥夺自己的生命，那就别当着别人的面抽烟；如果你不想别人啐你的脸，那你就不要随地吐痰；如果你不想别人用污秽的字眼说你，那你也不要随便辱骂别人；如果你不想自己被人瞧不起，那你也不要戴着"有色眼镜"看人。

总之，己所不欲，勿施于人，懂得站在别人的立场上考虑问题，希望别人怎么对你，你就怎么对别人。

其实，设身处地为他人考虑，同时也是为自己考虑。在这个世界上，没有哪个人是不依赖他人而孤立存在的。社会就是人与人合作互助的结构，不懂得为他人考虑的人，也没有人会为你考虑。只想着自己、自私自利的人，以为没有吃亏，却也难有收获，而且还会失去很多，比如尊重、理解、爱戴、朋友，甚至更多。

曾经看过一个非常悲惨的故事，讲的正是不懂得设身处地为他人考虑而导致的悲剧。

一个参军的年轻人，由于在战场上误踩了地雷而失去了一只胳膊和一条腿。他痛苦万分，但想到爱他的父母，心底又燃起了活下去的希望。可他现在这个样子，父母会如何看待呢？他决定还是打个电话给父母再做打算。于是，他拨通了父母家里的电话："爸爸，妈妈，我要回家了。但我想请你们帮我一个忙，我想带一位朋友回去。"父母听后，很高兴："当然可以，我们也很高兴能见到他。"年轻人接着说："但是这位朋友不是一般的人，他在这次战争中失去了一只胳膊和一条腿。他无处可去，我希望他能来我们家和我们一起生活。"年轻人这话一出口，电话中就传来父母的声音："我们很遗憾听到这件事，但是这样一个残疾人将会给我们带来沉重的负担，我们不能让这种事干扰自己的生活。我想你还是快点回家来，把这个人给忘掉，他自己会找到活路的。"听到这些，年轻人挂上了电话。几天后，他的父母接到了警察局的电话，说他的儿子从高楼上坠地而死，调查结果认定是自杀。当悲痛欲绝的父母赶到陈尸间，看到儿子的尸体时惊呆了：他们的儿子只剩下一只胳膊和一条腿。

这就是只想到自己的结果。在生活中，这样的悲剧还有很多。灾难发生在别人身上是故事，发生在自己身上才是事故。而这世界是公平的，风水轮流转，发生在别人身上的不幸也可能发生在自己身上。

你是怎么对待别人的，别人就会怎么对待你。所以，要处处为别人考虑。

在别人有难时，不要幸灾乐祸，而是要想着帮助别人。无论何时都要为别人考虑，这样你的人生才会不断发现惊喜。

圣诞节那天，妈妈带着女儿在街上玩。妈妈一个劲地说："宝贝，你看多美啊！"可女儿却回答："我什么美也看不到！"妈妈很生气："你看那漂亮的五彩灯、圣诞树，还有琳琅满目的各式礼品，你怎么会看不到呢？"女儿很委屈："可我真的什么也没有看到。"这时，女儿的鞋带开了，妈妈蹲下来为她系鞋带。就在这时，妈妈发现她蹲下来的时候，除了前方一个女人的格子裙以外什么也看不到。原来，那些东西都放得太高了。

所以，当别人给的答案不是你所期望的时候，要想想为什么会这样。真正设身处地为他人着想，是每个人都应该明白的道理和应该学习的人生法则。

古德曼定律：懂得沉默，善于倾听

懂得沉默

沉默是一种力量、是一种态度、是一种智慧。沉默不是一语不发的怯懦，而是鼓励他人畅谈的谦虚；沉默不是脑中空空的愚蠢，而是为自己积蓄力量的隐忍；沉默不是理屈词穷的失败，而是不屑一顾的威严；沉默不是任人摆布的屈从，而是待时而动的冷静。古语云：沉默是金。正说明了沉默的价值、沉默的可贵。如果两个人在交谈，没有一方的沉默，那肯定是进行不下去的。这个世界需要呼唤的声音，更需要沉默的安静。

总爱夸夸其谈的人，不一定有真本事。平时沉默不语的人，不一定没有出息。

春秋五霸之一的楚庄王，在继位的前三年从未发过一道法令。他手下的大臣都看不下去了，但又不敢明着问他。因为他有令："敢谏者杀无赦！"但大夫伍举聪明，变个方法问道："一只大鸟落在山上三年，不飞不叫，沉默无声，这是为什么？"楚庄王也是个聪明人，一听就明白了伍举的意思，答道："这只鸟三年不展翅，是为了让翅膀长大；三年不发声，是为了观察、思考和准备。虽然三年不飞，但一飞必定冲天；虽然三年不叫，但一叫势必惊人！"果然，在第四年，楚庄王共发布九条法令，废除了十项措施，处死了五个贪官，选拔了六个进士。待机而动，一举成功。

沉默不是无所事事，而是想一招制敌。这是力量的积累，是时机的等待。

每年高考都会冒出不少“黑马”，那些平时看起来不怎么出众的学生却能“金榜题名”，而那些平时出尽风头、看起来大有希望的学生则往往“名落孙山”。那些平时看起来默默无闻的学生，其实就是在一点一滴地积累力量，他们“不鸣则已，一鸣惊人”！越王勾践卧薪尝胆、任劳任怨，最终却一举歼灭了强大的吴国。这里的沉默，就是在等待时机。所以，真正有大志向的人，往往是看起来比较沉默的人。不语则已，语必惊人。

适时的沉默，会让你获得很多。

大发明家爱迪生一生有3000多项发明。有一次，他想卖掉自己的一项发明来建一个实验室。但由于他不太熟悉市场行情，不知道自己的发明值多少钱、该向购买者开多高的价位。于是，他便与妻子商量。妻子也不懂行情，但她觉得肯定值不少钱，起码要也应该要高些。便对爱迪生说：“你就要两万美元吧。”爱迪生听了，心想：“两万美元，怎么可能呢?”第二天，一个商人上门来找爱迪生，并表示出对那项发明的浓厚兴趣，希望爱迪生能卖给他。商人让爱迪生出个价，爱迪生为难了，说多少好呢，他自己也不知道，所以他就沉默不语。商人一再地问他，他却坚持一言不发。最后，商人终于按捺不住了，就说：“我先出个价吧，您看十万美元怎么样?”爱迪生一听，喜出望外，立马同意了这笔交易。

所以说，沉默是金。沉默是在积蓄力量、是在等待时机，更是一种威严和智慧、一种冷静和沉着。

俗话说，“祸从口出”“言多必失”。该沉默的时候，就要懂得沉默。买东西的时候讨价还价，你千万不要先开口出价，要像爱迪生那样等着别人出价。谈判的时候也是一样。不要先露出把柄，贸然行动，而要先观察、思考、准备，像楚庄王一样，不鸣则已，一鸣惊人！但沉默不是一直无言，而是适时沉默，该出“口”的时候，还是要出“口”的。不然，你就真的要“在沉默中灭亡”了！

善于倾听

沟通是需要说出来和听进去的，双方缺一不可。说出来是一种交流，听进去是一种领会。这个世界需要说出来的勇气，更需要听进去的耐心。

懂得倾听，是一种能力，更是一种品德。倾听是一种沉默，更是一种付出。认真地听别人讲话，是一种尊重，更是一种修养。很多人知道高谈阔论的魅力，却忽视了倾听的力量。科学家曾经对一批推销员进行过追踪调查，调查的对象分为业绩最好和业绩最差两类。经过调查，科学家发现，他们的业绩之所以有这么大差别，不是因为说得好坏，而是因为听得多少。那些业绩最好的推销员，每次推销的时候平均只说 12 分钟话，而那些最差的平均却要说上 30 分钟。说得多，就听得少；听得少，就不容易对顾客有透彻的了解，而且说得多还容易使顾客厌烦。而听得多则相反，不仅会对顾客有个清晰的了解，知道顾客最需要什么，而且还会使顾客觉得贴心。所以说，懂得倾听，是一种智慧。

一个好的谈话节目主持人，是一个好的倾听者；一个好的领导，也是一个好的倾听者；一个好的朋友，更是一个好的倾听者。倾听，让对方满足、让自己受益。懂得倾听，才能使说话更有效。在社交过程中，懂得倾听是一种很吸引人的品质。如果你是一个善于倾听的人，那么你的身边总会围绕着很多愿意与你交往的人。善于倾听，才能更好地沟通。如果双方各抒己见，都不把对方的观点听到心里去，那么最终只能是以争吵而收场。真正愉快的沟通，是互相倾听；真正的朋友，就是能够与你沟通的人，这个沟通指的就是能够互相倾听。只有能够互相倾听，才能互相理解、彼此知心。作为领导，更要具备善于倾听的能力。只有听到不同的声音，才能不断地改进。官员要听到百姓的疾苦、老板要听到员工的意见、老师要听到学生的要求、家长要听到孩子的心声。在很多时候，听比说更重要。

很久以前，有个不知名的小国想刁难一下其邻国，因为它的邻国太大太强了，让这个小国感到了威胁。有一天，这个小国的使者带着三个一模一样的金人来向大国进贡。大国的国王看着这几个金人心里非常高兴。但是没想到那个小国的使者竟向国王出了个难题："请问陛下，您说这三个金人哪个最有价值?"国王一下答不上来了，但国王不能说自己不知道，这样会失掉尊严。于是，他想了很多办法，请金匠来看做工、称重量、验材质，但无论如何查，得出的结果都是：这三个金人价值都一样。正在国王急得火烧眉毛的时候，一位已告老还乡的老臣来到王宫的大殿上说他知道该如何区分。国王十分高兴，把小国的使者也请到了大殿上。这时，只见老臣从袖子里拿出三根稻草，一根一根地分别插入三个金人的耳朵里。结果发现：第一个金人的稻草从另一边耳朵里掉了出来，第二个金人的稻草从嘴巴里掉了出来，而第三个金人的稻草掉进了肚子里再也没有出来。于是，老臣对使者和国王说："第三个金人最有价值。"使者这时也不得不承认，老臣的答案是正确的。

为什么第三个金人最有价值呢? 因为它懂得倾听、善于倾听。人长了一张嘴两只耳朵，就是要让我们多听少说。善于倾听，是社交中一种非常有用的技能，是领导者必须具备的能力，是每个人都应该拥有的美德。

首因效应：留下良好的第一印象

在《三国演义》中，凤雏庞统起初准备效力东吴，于是去面见孙权。孙权见庞统相貌丑陋、傲慢不羁，无论鲁肃怎样苦言相劝仍将这位与诸葛亮比肩齐名的奇才拒于门外。为什么会这样呢？是庞统无能，还是孙权根本不需要帮手呢？其实，造成这样的后果仅仅是因为庞统没能给孙权留下良好的“第一印象”。

如今，大家都认为工作不好找，尤其是刚刚毕业的人。其实，如果把握好求职时的第一印象，效果往往会出乎意料。

一个新闻系的毕业生正急于找工作。一天，他到某报社对总编说：“你们需要编辑吗？”

“不需要！”

“那么记者呢？”

“不需要！”

“那么排字工人、校对呢？”

“不，我们现在什么空缺也没有了。”

“那么，你们一定需要这个东西。”说着他从公文包中拿出一块精致的小牌子，上面写着“额满，暂不雇用”。总编看了牌子，微笑着点了点头，说：“如果你愿意，可以到我们广告部工作。”

这个大学生通过自己制作的牌子表现出机智和乐观的一面，给总编留下了良好的“第一印象”，引起对方的极大兴趣，从而为自己赢得了一份满意工作。这也是为什么当我们进入一个新环境，参加面试，或与某人第一次打交道的时候，常常会听到这样的忠告：“要注意你给别人的第一印象噢！”

也许你会好奇，第一印象真的有那么重要，以至于在今后很长时间内都会影响到别人对你的看法吗？心理学家曾做了这样一个实验：

心理学家设计了两段文字，描写一个叫吉姆的男孩一天的活动。其中，一段将吉姆描写成一个活泼外向的人：他与朋友一起上学，与熟人聊天，与刚认识不久的女孩打招呼等；另一段则将他描写成一个内向的人。

研究者让一些人先阅读描写吉姆外向的文字，再阅读描写他内向的文字；而让另一些人先阅读描写吉姆内向的文字，后阅读描写他外向的文字，然后请所有的人都来评价吉姆的性格特征。

结果，在先阅读外向文字的人中，有 78% 的人评价吉姆热情外向；而在先阅读内向文字的人中，则只有 18% 的人认为吉姆热情外向。

由此可见，第一印象真的很重要！事实上，人们对你形成的某种第一印象往往日后也很难改变。而且，人们还会寻找更多的理由去支持这种印象。有时候，尽管你的表现并不符合原先留给别人的印象，但人们在很长一段时间里仍然要坚持对你的最初评价。例如，一对结婚多年的夫妻，最清晰难忘的仍是初次相逢的情景，在什么地方、什么情景、站的姿势、开口说的第一句话，甚至是窘态和可笑的样子都记得清清楚楚、终生难忘。

了解了第一印象的重要性，现在我们来谈谈应该怎样给人留下良好的第一印象。

通常，第一印象包括谈吐、相貌、服饰、举止、神态，对于感知者来说都是新的信息，它对感官的刺激也比较强烈，有一种新鲜感。这就好比在一张白纸上，第一笔抹上的色彩总是十分清晰、深刻一样。随着后来接触的增加，各种基本相同信息的刺激也往往盖不住初次印象的鲜明性。所以，第一印象的客观重要性还是显而易见的，并在以后的交往中起到“心理定式”的作用。

如果你与人初次见面就不言不语、反应缓慢，给人的第一印象基本就是呆板、虚伪、不热情，对方可能就不愿意继续了解你了，即使你尚有许多优点也不会被人接受；而如果你给人留下的第一印象是风趣、直率、热情，那么即使你身上尚有一些缺点，对方也会用自己最初捕捉的印象帮你掩饰短处。

一般来说，想给他人留下良好的第一印象必须要牢记以下5点：

1. 显露自信和朝气蓬勃的精神面貌

自信是人们对自己的才干、能力、个人修养、文化水平、健康状况、相貌等的一种自我认同和自我肯定。一个人要是走路时步伐坚定、与人交谈时谈吐得体，说话时双目有神，目光正视对方，善于运用眼神交流，就会给人以自信、可靠、积极向上的感觉。

2. 讲信用，守时间

在现代社会，人们对时间愈来愈重视，往往把不守时和不守信用联系在一起。若你第一次与人见面就迟到，可能会造成难以弥补的损失，最好能够避免。

3. 仪表、举止得体

脱俗的仪表、高雅的举止、和蔼可亲的态度等是个人品格修养的重要部分。在一个新环境里，别人对你还不完全了解，过分随便有可能引起误解，产生不良的第一印象。当然，仪表得体并不是非要用名牌服饰包装自己，更不是过分地修饰，因为这样反而会给人一种轻浮浅薄的印象。

4. 微笑待人，不卑不亢

第一次见面，热情地握手、微笑、点头问好，都是人们把友好的情意传递给对方的途径。在社会生活中，微笑已成为典型的人性特征，有助于人们之间的交往和友谊。但与别人第一次见面，笑要有度，不停地笑有失庄重；言行举止也要注意交际的场合，过度的亲昵举动难免有轻浮油滑之嫌，尤其是对有一定社会地位的朋友，不应表露巴结讨好的意思：趋炎附势的行为不仅会引起当事人的蔑视，连在场的其他人也会瞧不起你。

5. 言行举止讲究文明礼貌

语言表达要简明扼要，不乱用词语；别人讲话时，要专心地倾听，态度谦虚，不随便打断；在听的过程中，要善于通过身体语言和话语给对方以必要的反馈；不追问自己不必知道或别人不想回答的事情，以免给人留下不好的印象。

刺猬法则：与人相处要保持适当的距离

生物学家曾做过一个实验：冬季的一天，把十几只刺猬放到户外的空地上。这些刺猬被冻得浑身发抖，为了取暖紧紧地靠在一起，而相互靠拢后它们身上的长刺又把同伴刺疼，很快就分开了。但寒冷又迫使大家再次围拢，疼痛使大家再次分离。如此反复多次，它们终于找到了一个较佳的位置——保持一个既能忍受最轻微疼痛又能最大程度取暖御寒的距离。其实，人与人之间亦是如此，良好交际需要保持适当的距离。

下面，我们先来做一个小小的选择题：

你要坐公交车出去玩，上车后你发现只有最后一排还有 5 个座位，走在你前面的两个人，一个选了正中间的座位，一个选了最右侧靠窗子的座位。剩下 3 个座位中，一个在前两个人之间，两个在中间人与最左侧的窗户之间。这时，你会坐在哪里呢?

想必你多半会选择最左侧窗户的座位，而不是紧挨着两个人中的任何一位坐下。不要好奇，这是因为人与人之间也像前面讲的刺猬那样，彼此需要一定的距离。

这种距离，有时是环绕在人体四周的一个抽象范围，用眼睛没法看清它的界限，但它确确实实存在，而且不容他人侵犯。

例如，无论是在拥挤的车厢里，还是在电梯内，你都会在意他人与自己的距离。当别人过于接近你时，你可以通过调整自己的位置来逃避这种接近的不快感；但是当空间里因挤满了人而无法改变时，你只好以对其他乘客漠不关心的态度来忍受心中的不快，所以看上去神情木然。

关于这方面，一位心理学家曾做过这样一个实验：

在一个刚刚开门的阅览室，当里面只有一位读者时，心理学家进去拿了把椅子坐在那位读者旁边。实验进行了整整 80 人次。结果证明，在一个只有两位读者的空旷的阅览室里，没有一个被试者能够忍受陌生人紧挨着自己坐下。当他坐在那些读者身边后，被试者不知道这是在做实验，很多人选择默默地远离到别处坐下，甚至还有人干脆明确表示："你想干什么?"

这个实验向我们证明了，任何一个人都需要在自己周围有一个可以把握的自我空间，如果这个自我空间被人触犯，就会感到不舒服、不安全，甚至恼怒起来。

所以，我们在现实生活和人际交往中，一定要把握适当的交往距离，就像前面互相取暖的刺猬那样，既互相关心，又有各自独立的空间。

既然距离在人际交往中如此重要，那么，究竟保持多远的距离才合适呢？一般而言，交往双方的人际关系以及所处情境决定着相互之间存在的范围。

美国人类学家爱德华·霍尔博士划分了四种区域或距离，各种距离都与双方的关系相称。

1. 亲密距离

所谓"亲密距离"，即我们常说的"亲密无间"，是人际交往中的最小间隔，其近范围在 6 英寸（约 15 厘米）之内，彼此间可能肌肤相触、耳鬓厮磨，以至于相互能感受到对方的体温、气味和气息；其远范围是6～18英寸（15～44厘米），身体上的接触可能表现为挽臂执手或促膝谈心，仍体现出亲密友好的人际关系。

这种亲密距离属于私下的情境，只限于在情感联系上高度密切的人之间使用。在社交场合及大庭广众之下，两个人（尤其是异性）如此贴近，就不太雅观了。在同性别的人之间，往往只限于贴心朋友，彼此十分熟识而随和，可以不拘小节、无话不谈；在异性之间，只限于夫妻和恋人之间。因此，在人际交往中，一个不属于这个亲密距离圈子内的人随意闯入这一空间，不管他的用心如何，都是不礼貌的，会引起对方的反感，也会自讨没趣。

2. 个人距离

这是人际间隔上稍有分寸感的距离，较少有直接的身体接触。个人距离的近范围为1.5～2.5英尺（46～76厘米），正好能相互亲切握手，友好交谈。这是与熟人交往的空间，陌生人进入这个范围会构成对别人的侵犯。个人距离的远范围是2.5～4英尺（76～122厘米），任何朋友和熟人都可以自由地进入这个空间。不过，在通常情况下，较为融洽的熟人之间交往时保持的距离更靠近远范围的近距离（2.5英尺）一端，而陌生人之间的谈话则更靠近远范围的远距离（4英尺）一端。

在人际交往中，亲密距离与个人距离通常都是在非正式社交情境中使用，在正式社交场合则使用社交距离。

3. 社交距离

这个距离已超出了亲密或熟人的人际关系范畴，而是体现出一种社交性或礼节上的较正式关系。其近范围为4～7英尺（1.2～2.1米），一般在工作环境和社交聚会上人们都保持这种程度的距离；社交距离的远范围为7～12英尺（2.1～3.7米），表现为一种更加正式的交往关系。

例如，公司的经理们常用一个大而宽阔的办公桌，并将来访者的座位放在离桌子有一段距离的地方，这就是为了与来访者谈话时能保持一定的距离。还有，企业或国家领导人之间的谈判、工作招聘时的面谈、教授和大学生的论文答辩等，往往都要隔一张桌子或保持一定的距离，这样就增加了一种庄重的气氛。

4. 公众距离

通常，这个距离指公开演说时演说者与听众所保持的距离，其近范围为 12 ~ 25 英尺（约 3.7 ~ 7.6 米）、远范围在 25 英尺之外。这是一个几乎能容纳一切人的“门户开放”的空间，人们完全可以对处于空间内的其他人“视而不见”、不予交往，因为相互之间未必会发生一定联系。因此，这个空间的活动大多是当众演讲之类，当演讲者试图与一个特定的听众谈话时，他必须走下讲台，使两个人的距离缩短为个人距离或社交距离，才能够实现有效的沟通。

当然了，人际交往的空间距离不是固定不变的，它具有一定的伸缩性，这依赖于具体情境、交谈双方的关系、社会地位、文化背景、性格特征、心境等。

了解了交往中人们所需的自我空间及适当的交往距离，我们就能够有意识地选择与人交往的最佳距离；而且，通过空间距离的信息，还可以很好地了解一个人的实际社会地位、性格以及人们之间的相互关系，更好地进行人际交往。

互惠定律：投桃报李，学会感恩

爱默生说过："人生最美丽的补偿之一，就是人们真诚地帮助了别人之后，同时也帮助了自己。帮助别人也就是帮助你自己。"你送出什么就收回什么，你播种什么就收获什么。你帮助得愈多，你得到的也就愈多；而你愈吝啬，也就愈可能一无所得。"爱别人就是爱自己"，这句很经典的话其实已说出了人际关系的"核心秘密"一一你付出别人所需要的，他们也会给予你所需要的。

古语有云："投我以桃，报之以李。"对于别人的恩惠，我们不能无动于衷，而要以另一种好处来报答他人。

在第一次世界大战中，为了刺探对方的敌情，各国专门培训了一批特种兵，其任务是深入敌后去抓捕俘虏回来审讯。

当时的战争是堑壕战，大队人马要想穿过两军对垒前沿的无人区是十分困难的，而如果是一个士兵悄悄爬过去溜进敌人的战壕相对来说则就比较容易。

有一个德军特种兵以前曾多次成功地完成这样的任务，这次他又接到任务出发了。他很熟练地穿过两军之间的地带，悄无声息地出现在敌军战壕中。

一个落单的士兵正在吃东西，毫无戒备，一下子就被德国兵缴了械。他手中还举着刚才正在吃的面包，这时，他本能地把一块面包递给了对面突袭的敌人。

面前的德国兵忽然被这个举动打动了，他做出了不可思议的行为——他没有俘虏这个敌军士兵，而是将其放了，自己空着手回去，虽然他知道回去后上司会大发雷霆。

这个德国兵为何这么容易就被一块面包打动了呢？其实，人的心理是很微妙的，在得到别人的好处或好意后就想要回报对方。虽然德国兵从对手那里得到的只是一块面包，或者他根本就没有想要那块面包，但是他感受到了对方的一种善意。即使这善意中包含着一种恳求，但这毕竟是一种善意，是很自然地表达出来的，在一瞬间打动了他。他在心里觉得，无论如何不能把一个对自己好的人当俘虏抓回去，更别说要了这个人的命。

其实，这个德国兵不知不觉地受到了心理学上互惠定律的左右。得到对方的恩惠就一定要报答的心理，是人类社会中根深蒂固的一个行为准则。

一位心理学教授曾做过一个小小的实验，证明了这个定律：

他在一群素不相识的人中随机抽样，给挑选出来的人寄去了圣诞卡片。但没想到，大部分收到卡片的人都给他回寄了一张，而实际上他们都不认识他。

给他回赠卡片的人，根本就没有想过打听一下这个陌生的教授到底是谁，他们收到卡片后自动就回赠了一张。也许他们想，可能自己忘了这个教授是谁，或者这个教授有什么原因才给自己寄卡片。不管怎样，自己不能欠人家的情，给人家回寄一张总是没有错的。

这个实验虽小，却证明了互惠定律的作用。当然，你也可以使用这个原理来提升自己的影响力。如果从别人那里得到了好处，我们应该回报对方；如果一个人帮了我们，我们也会帮他，或者给他送礼品，或请他吃饭；如果别人记住了我们的生日，并送我们礼品，我们对他也要这么做。

人与人之间的相处其实是很简单的，你想要别人把你当作朋友，那你必须先把别人当作朋友。

中国历来讲究礼尚往来，这似乎也是人类行为不成文的规则。与人交往讲究互惠互利，双方需要保持利益平衡。如果利益平衡被打破，就会导致关系破裂。互相帮助，有来有往，用真心换取真心，这样才能使我们赢得更多的人心，也能使友谊更加稳固。

人与人之间的互动，就像坐跷跷板一样，要高低交替。一个永远不肯吃亏、不肯让步的人，即使真正得到好处也是暂时的，他迟早要被别人讨厌和疏远。得到别人的好处或好意，及时回报，这能够表明自己是一个知恩图报的人，有利于相互之间的交往。

在不是很熟悉的朋友之间，你求别人办事，如果没有及时回报，下一次又求人家就显得不太自然了，因为人家会怀疑你是否有回报的意识，是否感激他对你的付出。如果对方突然有一件事反过来求你，你即使觉得不太好办的话也难以拒绝。俗话说："受人一饭，听人使唤。"为了保持一定的自由，最好不要欠人情。当然，在关系很密切的朋友之间不一定要马上回报，那样反而可能显得生疏。但也不等于不回报，有机会的时候还是应该回报的。

在人生的旅途中，我们一直在播种，也许我们不经意的一次善意就会获得意想不到的感激。当然，我们付出的时候并不是为了得到回报，可生活就是这样，有播种就会有收获，对我们来说也许只是绵薄之力，而对需要帮助的人来说则可能会是新的人生起点。

在尼泊尔白雪覆盖的山路上，刺骨的寒气伴随着暴风雪，让人很难睁开双眼。有个男子走了很久，好不容易碰到一个旅行家，两个人自然而然成了旅途上的同伴。半路上他们看到一个老人倒在雪地里，如果置之不理，老人一定会被冻死。“我们带他一起走吧，先生！请你帮帮忙。”男子提议。旅行家听了很生气地说：“这么大的风雪，咱们照顾自己都难，还顾得了谁呀！”说完便独自离去了。

这个男子只好背起老人继续往前走。不知过了多久，他全身被汗水浸湿，这股热气竟然温暖了老人冻僵的身体，老人慢慢恢复了知觉。两人将彼此的体温当成暖炉相互取暖，忘却了寒冷的天气。

“得救了，老爷爷，我们终于到了！”当看到远处的村庄时，男子高兴地对背上的老人说。他们来到村口，发现一群人正聚在一起议论纷纷。男子挤进人群一看，原来是有个男人僵硬地倒卧在雪地上。当他仔细观看尸首时，吓了一大跳——冻死在距离村子咫尺之遥的雪地上的男人，竟然就是当初为了自己活命而先行离开的那个旅行家。

行路的男子并不知道帮助老人会为自己赢得生机，他只是出于悲悯之心才背着老人行进的。救人一命，胜造七级浮屠，男子的善心不但救了老人的性命，更让自己成功走出困境，而旅行家则为他的自私付出了代价。

面对需要帮助的人，千万不要吝惜自己的爱心，善待他人，把你的爱心奉献出来。在你不经意地付出以后，也许会有意想不到的惊喜。播种你的爱心，让它在你的周围生根发芽，那么当你迎来硕果累累的金秋时，就是拥有最多财富的富翁了。

需求定律：有付出才会有回报

最会经商的犹太人在用自己的劳动成果进行食品交易时，会背诵一段著名的祷告：人们通过这些言语来感谢上帝创造出这些不完善和拥有众多需求的人。这些祷告让犹太人意识到，帮助别人满足需要或克服别人身上的不足，是一种值得尊敬的生活方式。当你满足了顾客、消费者和老板的需求，无论你是一名拉比还是一名宗教组织者，接受报酬是理所当然的事，因为这些钱是你满足别人需求的见证。

其实，无论是在商业行为还是在日常生活中，你只要尊重并满足他人的需求，那么你的需求也会得到满足。或者换句话说，如果你有某种个人的需求，那么就要去先满足别人的需求。

在激烈的商业竞争中，只有懂得满足消费者需求的企业才能立于不败之地。中国海尔是世界白色家电第一品牌，1984 年创立于中国青岛。它以满足消费者的需求为第一宗旨。无论是城市还是乡村，无论是中国还是欧美，海尔始终坚信根据不同的消费需求研发相应的产品，让消费者用上适合的产品，自己才能获得丰硕的收入，这就是“欲取先予”的真谛。

在日常生活中，无论是与人相处还是想获得成功，都要明白欲取先予这个道理。有些人总是打着自己的小算盘，不想付出，只想回报，这是因为他们不懂得“天下没有免费的午餐”的道理。有些人总是处心积虑地计划着占别人的便宜，这种人迟早会被现实教训，须知，贪小便宜，吃大亏。有些人总是处处替别人着想、先人后己，这样的人往往会得到很多，不仅是尊重、名望，还有财富。这就是大智若愚的吃亏学。看起来你是吃亏了，其实你的需求也得到了满足，并且对方还很高兴地自愿让你满足。

每当你给别人一个微笑的时候，别人也会还你一个微笑。你想别人怎么对你，你就得先怎样对别人。

欲取先予说起来容易做起来难，人天生都是有些自私的，而且往往还伴随着一些虚荣，谁会甘心先为别人付出，谁会愿意先满足别人呢？如果我满足了别人，别人不来满足我，那我岂不是很吃亏了吗？一般的人都会有这种顾虑，但是那些能成就大业者或生活中的强者，却从来不会计较这些，因为他们明白：有付出才会有回报。

如果不去付出，虽然没有失去，但也没有得到，没有得到就是失去。无论你付出了什么，总会有所收获。当然，这里所说的收获也许不是你所期望的，但是可能会比你期望的带来更多。投之以桃，才能报之以李，不投自然会无报。所以，要懂得为他人着想，懂得为别人付出。

很早以前读过这样一则关于天堂和地狱的故事：

在大家心里，天堂和地狱总是有着天壤之别，其实不然。

有一天，一个使者也是抱着这样的想法去考察了天堂和地狱。他看到在天堂里每个人都是红光满面，精神焕发；地狱里的人则个个面黄肌瘦，像饿死鬼一样，每天都非常痛苦。这更加坚定了他的信念：天堂与地狱的差别真是太大了。可是细问之下才知道，天堂和地狱的人吃的东西是一样的，用的工具也是一样的。原来他们用的是 1 米长的大勺子，天堂的人用长把勺子互相喂别人食物，所以人人都可以吃到食物；而地狱的人只想把装满食物的勺子往自己嘴里送，可是越想吃到东西却越是吃不到，内心备受煎熬，所以面容枯槁。

天堂和地狱的真实差别就在于，天堂的人懂得互相付出，而地狱的人则只想着自己罢。所以，你如果想过天堂的生活，就要懂得先予后取的道理，这样你内心真正想要达到的目标才会得以实现。如果你只信奉“人不为己，天诛地灭”的信条，那么你就只能像地狱中的饿鬼一样，面容枯槁，事与愿违。只有设身处地地替别人考虑，想他人所想，急他人所急，大家才会互相扶助，各得所求，自然其乐融融。这就是所谓的“欲要取之，必先予之”。

我们在做事情的时候，不仅要有“双赢”的思想，而且要有“让对方先赢”的思想。不仅要有思想，而且要落实到行动上。这样我们才能获得想要的成就，才能满足内心的需求。就像钓鱼一样，我们必须要先给鱼下饵，才能钓到鱼。而鱼饵越好，你钓的鱼也会越大。

《三国演义》里有这么个故事：

魏军准备攻打葭萌关，葭萌关告急。刘备派黄忠去支援。黄忠见魏军将领夏侯尚、韩浩头脑简单，便使了一招骄兵之计，主动出关迎战，然后一连几天都假装打败仗，后退数十里，丢了许多营寨、器械，然后退到葭萌关里坚守不出。夏侯尚、韩浩自以为得胜，得意洋洋地开始攻打葭萌关。没料到被黄忠迎头痛击，打得落花流水，连韩浩都被黄忠斩杀于马前。黄忠不仅夺回了所有丢失的营寨阵地，还夺取了魏军的粮草重地天荡山，直逼汉中。

“以退为进”，是兵家常用之计，其实这中间运用的也是先予后取的道理。自己佯败，让敌人先获胜，这是予；然后借敌人大意之机再转败为胜，这是取。我们的人生也是如此，你只有先给了别人甜头，才能最终满足自己的需求。

相悦定律：学着让别人喜欢你

看看你身边的人，你想过自己喜欢的人通常具有哪些特征吗？你喜欢他们，是因为他们漂亮呢，还是因为他们聪明，或者是因为他们有社会地位？

心理学研究表明，通常我们喜欢的人也是那些喜欢我们的人。他们不一定很漂亮，或很聪明，或者有社会地位，仅仅是因为他们很喜欢我们，因此我们也就很喜欢他们。

那么，我们为何会喜欢那些喜欢我们的人呢？这是因为喜欢我们的人使我们体验到了愉快的感觉。一想起他们，就会想起和他们交往时所拥有的快乐，使我们看到他们时自然就有了好心情。

而且，那些喜欢我们的人使我们受尊重的需要得到了满足。因为他人对自己的喜欢，是对自己的肯定、赏识，表明自己对他人或者对社会是有价值的。

有心理学家曾做过这样一个实验：让被试者“无意中”听到一个刚与他说过话的伙伴告诉主试喜欢或不喜欢他。接着，当这些同伴和被试者在一起工作时，被试者的面部表情会因他们听到的内容而异。当被试者听到同伴喜欢他们时，他们会比听到同伴不喜欢自己时在非言语表现上更积极。另外，后来的书面评定显示，被喜欢的被试者比不被喜欢的被试者更多地被同伴吸引。

其他的研究也证明了相似的结果：人们对那些他们认为喜欢他们的人持更积极的态度。这就是喜欢的互逆现象。

对于喜欢的互逆现象，Dale Carnegie很久以前就在著作《如何赢得朋友和影响他人》中提道，人们获得友谊的最好方式是“热情友善地称赞他人”。但是，在我们为赢得他人的友谊而不遗余力地去赞美他人之前需要考虑一下情境，有时赞美并不一定能导致喜欢。

喜欢的互逆性规律也有例外发生，其中之一就是当我们怀疑他人说好话是为了他们自己时，那么别人的赞美并不会导致我们去喜欢他。

此外，对那些自我评价很低的人来说，喜欢的互逆性也不会发生。因为他们可能认为喜欢他的人没有眼光，并且因此而不去喜欢那些人。

在生活中有很多这样的情况，两个人的相互喜欢是由一个人对另一个人的单方面喜欢开始的。比如一个女孩开始时对一个追求她的男孩并没有多少好感，但是这个男孩子表现出了对她特别喜欢的态度，久而久之这个女孩也对这个男孩动心了，最后接受了其追求。

当然，这个规律也不是绝对的。有时我们会喜欢某个并不喜欢我们的人，相反，我们不喜欢的人有时却很喜欢我们。我们只能说在其他一切方面都相同的情况下，人有一种很强的倾向，喜欢那些喜欢我们的人，即使他们的价值观、人生观都与我们不同。

喜欢是一种相互的行为。你喜欢的人，往往也会喜欢你；你讨厌的人，往往也都讨厌你。

一个班主任曾经做过一个实验，让全班同学把自己讨厌的人的名字统统写在字条上交给他。结果发现，在字条上写名字最多的人，也是被别人写得最多的人；而写名字最少的人，也是被别人写得最少的人。也就是说，在班上有许多讨厌对象的人，也是其他人最讨厌的人；在班上没有什么讨厌对象的人，也是全班人缘最好的人。

所以说，喜欢和讨厌都是相互的。那种感觉和表现，双方都能体会得到。

在人际交往中，有一种自然的吸引力，那就是人们都喜欢与喜欢自己的人交往。而决定一个人是否喜欢另一个人的强有力因素就是：另一个人是否喜欢他。人们都不喜欢碰壁，也不喜欢自讨没趣。所以，他们往往会选择那些喜欢他们的人作为朋友和伴侣。

让别人喜欢你，是社交中非常重要的技能。只有让别人喜欢你，别人才会愿意与你交往。其实，让别人喜欢你并不是一件很难的事，你只要懂得尊重别人、认可别人、赞扬别人。也就是说，你只要让别人明白你喜欢他，那他就自然会喜欢你。

善于发现别人身上的优点，找到别人感兴趣的话题，让对方感觉到你对他的关注和喜欢。这些都是社交中的制胜法宝。

著名销售专家伍奇先生就曾说过："推销员必须了解自己公司的产品，并且对产品有信心，工作勤奋，富有热情。但是，其中最重要的一点是他一定要喜欢别人。"要想获得别人的喜欢，就要先表现出喜欢别人。推销产品也是在推销自己，只有让顾客喜欢你，才能让顾客对你的产品产生兴趣。

社交活动更是在推销自己，只有让别人喜欢你，别人才会愿意与你来往。人与人在感情上的融洽和相互喜欢，可以强化人际间的相互吸引。这种吸引就像一种魔力，人们很难挣脱开。所以，在日常交际中，不要轻易说出别人不喜欢听的话，批评或指责别人，更不能嘲笑或轻视别人，也不要表现得太过冷漠；要积极、热情、友善地对待别人，多看到别人的优点，适时地称赞别人，并向别人学习；但也不要一味地奉承，这也会让别人厌恶，只要适当地表达出你喜欢对方的意思就可以了。

每个人都希望自己能够得到别人的认可、尊重、欣赏和称赞。就像成功学大师卡耐基说的那样：“不管是屠夫，还是面包师，乃至宝座上的皇帝，统统都喜欢别人对他们表示好意。”人们对美言是没有抗拒力的，这个心理学家已经证明过了。所以，在人际交往中，要尽量地说些别人喜欢听的话，但这也不是让我们去为了一些私利而刻意恭维，而是要用我们的真心去发现别人的优点，真诚地表达出欣赏和爱慕之情。相悦定律起效的重要原因是回报心理，俗话说：伸手不打笑脸人。在爱情上，女孩子很难抵挡得住男孩子不断的甜言蜜语，即使她起初对其并不感兴趣。

相悦定律的痕迹在生活中比比皆是，但是能真正体会到其中含义、很好地运用的人并不是很多。其实，要让别人喜欢你，就要先学会喜欢别人。喜欢是相互的，是有付出的，你只有付出了才会有回报。一个只想到自己的人，很难受到别人的喜欢。因此，从学会喜欢别人开始吧。

钥匙理论：交往贵在交心

人与人之间的交往，有很多种，最让人向往的要数“莫逆之交”。每个人都希望别人能理解自己，生活中有知心的朋友。而要得到这些都有一个大前提，那便是你要真心对待他人。把你的真心交给别人，你才能换来别人的真心与理解。

曾经有个郁郁寡欢的青年去找智者抱怨：“为什么这个世界上就没有人能懂我，为什么大家都对我如此冷漠？”

智者看了看青年，说道：“没有人会理解一个没有真心的人，也没有人会愿意与虚情假意的人做朋友。你回去，用心与人交往，便会找到答案。”

青年听了智者的话感觉不太懂，以为智者是在故弄玄虚，就垂头丧气地回去了。在回家的路上，他看到了一位美丽的姑娘，十分喜欢。心想：这位姑娘正配做我的夫人，凭我的聪明才智肯定能把她娶到手。

于是，他就开始采取行动，用尽各种讨好的方法，可结果却为别人做了嫁衣裳——那位姑娘选了别人。

他非常生气地去问那位姑娘：“为什么选他不选我？”

姑娘只说了一句话：“因为他是真心喜欢我。”

又是真心？他想，我又何曾不是真心喜欢你？此事作罢，还是以事业为重。这位青年放下了结婚的念头，决定先找份工作。在铺天盖地的招聘广告中，他选中了一家很有实力又能施展其才华的公司。他是个聪明人，知道这社会的“规矩”，事情都不是那么简单就能办成的。

于是，他买了公司老板最喜欢的茶叶，送给老板娘一套名贵的化妆品，更找到老板最信任的主管为他说好话，可是结果他却没有被录取。反倒是那个平日里看起来傻呵呵的、总让别人占便宜的小马被录取了。他愤愤不平，找老板理论。

老板眼皮都没抬，说道：“我看不到你的真心，我们公司不需要你这种太有心机的员工。”无奈，他只好另找活路。为了生存，他当上了推销员。一个月过去了，他作为全公司成绩最差的推销员，面临被辞退的危机。他的上级找他谈话：“你知道你为什么卖不出去产品吗?”他摇摇头，说：“不知道。”“因为顾客感觉不到你的真心。”上级说道。

真心到底是什么？他想去问别人，可是他没有可以问的人。与父母从不深入交谈，朋友都是点头之交，同事更是利益关系。他一下感到其人生很失败。他再次去找智者，希望智者能告诉他真心是什么。智者没有说话，而是站起来给了他一个拥抱，并轻轻地抚摸他的头发。在那一瞬间，他突然情不自禁地痛哭流涕，满腹的委屈都化作泪水流了出来。也就在那一瞬间，他明白了什么是真心。真心就是发自内心地，没有半点虚假、没有半点伪装，心甘情愿地对一个人好，充满尊重与理解。

其实，人与人交往，不需要太多的技巧、太多的手段，只要付出真心就足够了。

真心能攻破铜墙铁壁，能抵过千军万马。人与人的交流，贵在交心。心与心之间进行碰撞，才能自己产生共鸣、彼此知心。不要抱怨别人不理解你，你要先为别人打开你的心门；不要抱怨别人不和你做朋友，你要先学会用心与人交往；不要抱怨这个世道太坏好人太少，无论是谁你若都能真心对待，将会看到另一片蓝天。

在人际交往中，与他人心与心地交往，我们才不会感到孤单寂寞。

最能打动人心的美文，是有真情流露的文章；最动人心弦的表演，是充满真情的演示；最让人不能忘怀的形象，是充斥着真情实感的人物。普天之下，最能打动人心的非“真情实感”莫属。真情实感是一种态度、是一种表现、是一种品性，只有充满真情实感的人，才能打动别人的心。

在森林深处有一座城堡，据说里面塞满了宝物。住在城里的三兄弟决定去寻宝。老大拿了一把力大无比的铁锤，老二选了一把聪明无敌的钢锯，老三挑了一把不起眼的钥匙。他们花了三天三夜，终于找到了那个城堡。城堡很高，城门很结实，城门上的锁很沉重。三个人商量了一下，达成共识：要想进城堡唯一的方法就是打开城门上的锁。可如何打开呢？这时力大无比的铁锤毛遂自荐，对他的主人说：“主人，我力大无比，定能敲碎这城门上的锁。”老大想了想，觉得有道理。就让两个兄弟后退，自己拿着铁锤开始砸锁。可是任凭老大如何用力，那锁还是纹丝不动。最后，他不得不放弃。这时，聪明无敌的钢锯说话了：“这样硬砸是不行的，得用巧劲。主人，你拿着我试试!”老二听后，就拿着钢锯上前，找出最容易锯断的地方、用最省力的方法开始拉锯。可是无论老二如何取巧，那锁还是没有一点变化。这时，那只被人遗忘的钥匙突然说话了：“主人，你用我试试!”老三还没有任何表示呢，那铁锤和钢锯就叫嚣起来了：“就凭你？我们这般强壮、聪明都不行，看你那弱不禁风、呆头呆脑的样子，怎么可能行?”老大、老二也觉得这钥匙不靠谱。可老三认为，还是试一试为好。结果，没想到老三把钥匙插进锁眼里，轻轻一扭，那锁竟开了。大家都很惊讶，只有钥匙很平静地说：“这没有什么，只因我懂它的心。”

这一句“我懂它的心”，透出多少真情来。没想到，打动那“无坚不摧”之锁的竟是一把小小的钥匙。在生活中，有很多这样的情况。即使是冷若冰霜的人，只要你对他流露出真情实感来，他也是会被你融化的。这世间最动听的歌，是有感情内涵的歌。在人际交往中，不要把自己包得太严、藏得太深，这样你永远也交不到知心的朋友。在与人交往时，更要懂得付出真情，用你的真情实感去打动别人，这是最容易被人忽视却又最有效的武器。

有一部电影叫《律政俏佳人》，讲的是一位非常可爱的小姑娘，在最严肃的法律界和政界取得成功的故事。而她之所以能取得成功，就是因为她其从来没有忘记人类最根本的东西，用她的真情打动了与她交往的每一个人。律师往往会为了案件的胜利而不择手段，官员往往会为了个人的利益而不顾一切，而女主角却给他们上了一课，用自己的真情实感打动了他们，唤醒了他们的良知。

这个世界有很多规则、有很多限制、有很多危险，因此，这个世界更需要真情实感。永远不要让一些外在的东西蒙蔽了你的心智，要用你的真心来面对这个世界，用你的真情实感来打动你身边的每一个人。这就是最简单也最有效的生活、社交法则。

第四章

创造财富法则

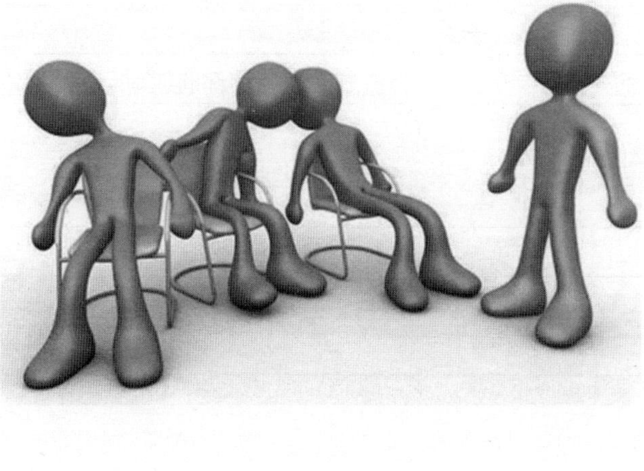

蜕皮效应：勇于挑战，不断超越

有个生活非常潦倒的销售员，每天都埋怨自己“怀才不遇”，认为是命运在捉弄他。圣诞节前夕，家家户户张灯结彩，充满了佳节的喜庆气氛。他坐在公园的一张椅子上，开始回顾往事。去年的今天，他孤单一人，以酗酒的方式度过了他的圣诞节，没有新衣，也没有新鞋，更别谈新车、新房了。

“唉！今年我又要穿着这双旧鞋度过圣诞了！”说着他准备脱掉穿着的旧鞋。

这时，他看到一个年轻人拄着拐杖走过，他立即醒悟：“我有鞋子穿是多么幸福，他连穿鞋的机会都没有啊！”

经过这次顿悟，这位推销员“蜕掉”了自己萎靡不振的一层“皮”，从此脱胎换骨，发愤图强，力争上游。不久，他就因为销售成绩显著而多次得到加薪。最后，他又开办了自己的销售公司，并最终成为一名百万富翁。

蛇只有经过一次次蜕皮才能成长。同样，人也必须经历不断的自我否定才能进步。墨守成规、满足现状只会导致故步自封，最终难逃被淘汰的命运。积极的成功者永远是不安分的，因为他们永远不会停止前进的脚步，每时每刻都在追求更高、更强、更好的目标。

许多节肢动物和爬行动物在生长期间会定期蜕皮，脱掉旧的表皮，再慢慢长出新的表皮。通常，每蜕皮一次，这些动物就长大一些。等到蜕皮几次之后，这些动物就基本成熟，获得了完全依赖自己生活的能力，可以自己保护自己了。

蜕皮是一个痛苦的过程。把原有的皮蜕掉本身就是疼痛难忍的，而且在新皮长出来之前往往还要面临着行动不便、无法捕食的危险，甚至无法抵御天敌的侵袭。因此，每一次蜕皮都是一次生与死的考验。但是经过蜕皮的痛苦过程之后，换来的是新生，是更强壮、更成熟的生命。这就是“蜕皮效应”：满足现状，往往只会故步自封，只有超越自己，才能不断成长。

爱迪生研究电灯时，工作难度十分巨大，1600 种材料被他制作成各种形状的灯丝，效果都不理想，要么寿命太短，要么成本太高，要么太脆弱，工人难以把它装进灯泡中。全世界都在等待他的成果。半年后人们失去耐心了，纽约《先驱报》说：“爱迪生的失败现在已经完全证实。这个感情冲动的家伙从去年秋天开始就研究电灯。他以为这是一个完全新颖的问题，他自信已经获得别人没有想到的用电发光的办法。可是，纽约的著名电学家们都相信，爱迪生的路走错了。”

而爱迪生则不为所动，继续自己的实验。英国皇家邮政部的电机师普利斯在公开演讲中质疑爱迪生，他认为把电流分到千家万户，还用电表来计量，是一种幻想。当时，人们还在用煤气灯照明，煤气公司竭力说服人们，爱迪生是个大骗子。就连很多正统的科学家都认为爱迪生是在想入非非。有人说：“不管爱迪生有多少电灯，只要有一只寿命超过 20 分钟，我情愿付 100 美元，有多少买多少。”有人说：“这样的灯，即使弄出来，我们也用不起。”爱迪生毫不动摇，在进行这项研究一年之后，他终于造出了能够持续照明 45 小时的电灯，完成了对自己的超越。

即便反对声如潮，可爱迪生还是不为所动，坚持自己的研究发明。经过不懈的坚持和努力，爱迪生不但促成了自己的蜕变，牢牢地树立起在世人心目中的伟大发明家形象，而且还促成了人类生活方式的一次大变迁。也正是因为他的这项发明，人类才真正进入了电气时代。

对自己或对工作不满的人，首先要把自己想象成理想中的自己，并且拥有极好的工作机会，然后再采取行动。如果耐心地进行这种自我改造，就能发挥个性中本就具有的强大的精神力，使自己和工作按照理想的样子发生改变，从而取得成功。

一条蛇如果不舍得蜕去原有的皮，那么它永远也长不大，只会被淘汰；一个庞大的企业，如果领导者不知改进，员工也墨守成规、不思进取，那么这个企业也必定会逐渐衰退；一个人即使目前的工作很不错，眼前的事情都能应付得来，但如果不追求进步，终有一天会被自己的工作所抛弃。

不要幻想着我们可以永远保持目前的状况。满足于现状的心态是我们成功路上最大的障碍。满足于现状会使人变得没有信心，认为创造、革新或者成功都与自己没有关系。如果你满足于现状，那么可能会把注意力放在一些微不足道的地方，不关心创新的机会，埋没了本可以发挥的才华。千万不要满足于现状，因为这样会使你的才能被惰性所埋没掉。

人的才华是没有极限的，唯一的限制来自我们自身！蜕掉旧的皮，这样才有长大的空间，这样才能获得新的生命力！只有先超越了自己，才能够不断进步，最终超越别人。对于成功来说，最大的障碍往往来自于自身。不要自我设限，要不断制定较高的目标，这样我们才能每天都有所进步！

72 法则：找对时机，让资产翻倍

资产翻番需要多少时间

2005 年王先生 30 岁，在年初的时候他投入 10 万元为自己建立了一个退休养老账户，这个账户每年的投资回报率是 9%，那么他的养老账户的增值情况如下表。

年龄	30 岁	38 岁	46 岁	54 岁	62 岁
财户资产	10 万	20 万	40 万	80 万	160 万

为什么我们会得出这样一个结论呢，这样的账户资产是怎么计算出来的呢？从这个图表中，我们可以看出一个规律：每 8 年王先生的账户资产就会翻一番，而 9% 的投资回报率与账户资产翻番的年限乘积永远都是 72。也就是说，用 72 除以投资回报率之后的数据大概就是账户资产翻番的年限。这就是经济学中著名的“72 法则”。

通过运用“72 法则”，我们可以计算出王先生的账户每 8 年会翻一番：72/9—8 年。由此我们可以看出，在王先生 62 岁的时候，他的养老账户已经增值到 160 万元，比最初的投入增值 16 倍。而如果王先生到 38 岁（晚 8 年）才建立自己的养老金账户，那么到 62 岁时，王先生的账户只有 80 万元，前后竟有 80 万元的差别！因此我们说：投资应该尽早，这样我们才可以在同样的年纪收获更多的财富。

所谓“72 法则”就是以 1% 的复利来计息，经过 72 年以后，你的本金会变成原来的一倍。这个公式具有很强的实用性，例如，利用 5% 年报酬率的投资工具，经过 14.4 年（72/5）本金就会变成原来的一倍；利用 12% 的投资工具，则要 6 年左右（72/12）才能让本金翻番。

如果你手中有 100 万元，运用报酬率 15% 的投资工具，你可以很快知道，经过约 4.8 年，你的 100 万元就会变成 200 万元。

虽然利用 72 法则不像查表计算那么精确，但已经十分接近了，因此当你手中缺少一份复利表时，记住简单的 72 法则，或许能够帮你不少忙。

72 法则同样还可以用来算贬值，例如现在通货膨胀率是 3%，那么 72/3—24，24 年后你现在的一元钱就只能买五毛钱的东西了。

从小就喜欢数学，长大之后充分利用自己这一优势成为一名投资者的崔益铉说：“‘72 法则，是很容易计算出复利的数学法则，采用复利收益率去投资，从某种观点来看，投资成本在不久的将来会翻一倍。”

学会活用“72 法则”，对投资来说是相当重要的事情。在这里，还有更重要的一点，那就是很多人在投资时总是很注重投资目标时间和目标收益。为了达到目标时间获得目标收益的目的，他们会利用“72 法则”，算出自己应该投资复利率多少的投资品种，以便决定投资品种。

比如长期持有具有持续竞争优势的企业股票将给投资者带来巨大的财富，其关键在于投资者未兑现的企业股票收益通过复利产生了巨大的长期增值。

巴菲特的每一项投资所要寻求的是最大的年复利税后报酬率，他认为借由复利的累进才是真正获得财富的秘诀。那么，为什么复利的累进可以帮助你变得富有呢？

假设你有10万美元，分别在10年、20年和30年期间，以5%、10%及20%的比率，在不考虑税负循环复利累进的情况下，该笔钱循环复利所能累进的价值仅仅是10%的差异，对投资人的整体获益就会有惊人的影响。你的10万美元，以每年10%的获利率经免税的复利累进计算，10年后将会价值259374美元；若将获利率提高到20%，那么10万美元在10年后将增加到总值为619173美元，20年后则会变成3833759美元。持续30年，其价值会增长到23737631美元，是一个相当可观的获利。

很小的百分比差异在很长一段时间所造成的差异也是令人吃惊的。投资人的10万美元以5%的免税年获利率计算，经过30年后，将值432194美元；但是若年获利率10%，30年后，10万美元将值1744940美元；倘若年获利率再加5%，即以15%累进计算，30年后，10万美元将增加为6621177美元；若再从15%升到20%，你会发现，30年后10万美元将会增加到23737631美元。

作为一般投资者，在长期的投资中，没有任何因素比时间更具有影响力了。随着时间的延续，复利将发挥巨大的作用，为投资者实现巨额的税后收益。

复利的大小由时间的长短和回报率的高低两个因素决定。两个因素的不同使复利带来的价值增值也有很大不同：时间的长短将对最终的价值数量产生巨大的影响，时间越长，复利产生的价值增值越多；回报率对最终的价值数量有巨大的杠杆作用，回报率的微小差异将使长期价值产生巨大的差异。以6%的年回报率计算，最初的1美元经过30年后将增值为5.74美元；以10%的年回报率计算，最初的1美元经过同样的30年后将增值为17.45美元。4%的微小回报率差异，却使最终价值差异高达3倍。

巴菲特对10%与20%的复利收益率造成的巨大收益差别进行了分析：1000美元的投资，收益率为10%，45年后将增值到72800美元；而同样的1000美元，在收益率为20%时，经过同样的45年将增值到3675252美元。从巴菲特1965年开始管理伯克希尔公司至今，40多年来，伯克希尔公司复利净资产收益率为22%，也就是说巴菲特把每1万美元都增值到了2593.85万美元。

因此，投资具有长期持续竞争优势的卓越企业，投资者所需要做的只是长期持有，耐心等待股价随着公司的成长而上涨。投资者不必害怕大盘会跌，因为股市从中长期来看是大牛市；同时不管是在牛市中还是在熊市中，都有内在价值被市场低估的股票，这正是投资机会之所在。所以，我们要做的就是找出那些能够长期持有的价值型公司，不为眼前短期的波动所影响，长期持有，借助复利的威力，最终我们也会获得很高的收益。

内卷化效应：不断创新，成功才会降临

多年前，一位记者到陕北采访一个放羊的男孩，曾留下一段经典对话：

“为什么要放羊？”

“为了卖钱。”

“卖钱做什么？”

“娶媳妇。”

“娶媳妇做什么呢？”

“生孩子。”

“生孩子为什么？”

“放羊。”

这段对话对“内卷化”现象作了令人印象深刻的解释。多少年来，农民的生存状态没有发生什么改进，这在于他们压根儿就没想到过要改变。

“内卷化效应”概念被广泛应用到了政治、经济、社会、文化及其他学术研究中。“内卷化”其实并不深奥，观察我们的现实生活，“内卷化”现象比比皆是。比如在偏远的农村，虽然已经改革开放30年了，但当地的农民仍然过着“一亩地一头牛，老婆孩子热炕头”

的农耕生活。再如，一些家族企业，措施和办法因循守旧，重要岗位总是安排亲人把守，管理哲学是“打仗亲兄弟，上阵父子兵”，用自己的人放心。于是，在企业内部，人情重于能力、关系重于业绩，外部的新鲜空气难以吹进来，真正优秀的人才也吸引不进来。几年过去了，厂房依旧、机器依旧、规模依旧，各方面都没有多大变化。

思想观念的故步自封，使得打破“内卷化模式”的第一道关卡变得非常困难。整天忙碌的人们，虽然没有站在黄土地上守着羊群，但在思想上是否就比那个放羊的小孩高明呢？他们怨天尤人或者安于现状，对职业没有信念，对前途缺乏信心，工作结束就是生活，生活过后接着工作，对“内卷化”听之任之，人生从此停滞不前。

我们身边随处都可以看到陷入“内卷化”泥沼的人：老张当了一辈子干事，眼看着身边的人一个一个都升迁了，心里酸溜溜地难受；作家老李，20 出头就以一个短篇获得了全国性大奖，但是 20 多年过去了，他不再有有影响的作品问世，而和他同时起步的同行已成了全国知名作家；老王，技工一做就是 15 年，同辈人已升任高工和主管，他却还是戴着一顶技工的帽子……

同样的环境和条件，有的人几年一个台阶，无论是专业能力还是岗位都晋升得很快，而另一些人却原地不动，多少年过去了仍然还在原地踏步。为什么会出现这种现象，人为什么会陷入“内卷化”的泥沼？

分析个人的“内卷化”情况，根本出发点在于其精神。如果一个人认为这一生只能如此，那么他的命运基本上也就不会再有改变，生活自此充满自怨自艾；如果一个人相信自己能有一番作为，并付诸行动，那么他便可能大有斩获。

“内卷化”的结果是可怕的。大到一个社会，小到一个企业，微观到一个人，一旦陷入这种状态，就如同车入泥潭，原地踏步，裹足不前，无谓地耗费着有限的资源，浪费着宝贵的人生。它会让人在一个层面上无休止地内缠、内耗、内旋，既没有突破式的增长，也没有渐进式的积累，让人陷入到一种恶性循环之中。

生活陷入“内卷化”的普通人迫切需要改进观念，而那些成功人士也要更新理念，否则“内卷化”的后果往往更为严重。为什么有些人注定一辈子只能做一个小老板？并非他不想做大做强，而是其思想观念的停滞在小的层面。小老板需要精明，而大老板不仅需要精明．更需要气度。20 世纪 90 年代，我国的民营企业纷纷进入多事之秋，很多著名企业一夜之间轰然崩塌，其中一个主要原因就是企业管理者的思想观念停在原地，面对国际化接轨、现代化生产的局势，这些企业的老板还在用小农思想进行管理。在市场中竞争如同逆水行舟，不进则退，倒闭是自然的事。

总而言之，一个企业或一个人要想摆脱“内卷化”状态，就要先确信自己是否还有上进的志气。如果有，再看看自己的实力是否强大。精益求精，发挥极限，这样才能最大限度地提升自己。只有充分地发挥自身的力量，才能突破和创新，在未来的发展中呈现出一派勃勃生机。

不断创新，成功才会降临到你的身上；如果你一直守成不变，那你永远也不可能成功。

日本有一家技术公司，公司上层发现员工一个个萎靡不振、面带菜色。经咨询多方专家后，他们采纳了一个简单而别致的治疗方法——在公司后院用圆滑光润的 800 块小石子铺成一条石子小道，每天上午和下午分别抽出 15 分钟时间，让员工脱掉鞋在石子小道上随意行走。起初，员工们觉得很好笑，更有许多人觉得在众人面前赤足很难为情。但时间一久，人们便发现了它的好处，原来这是极具医学原理的物理疗法，起到了一种按摩的作用。

一个年轻人看了这则故事，深受启发。他请专业人士指点，选取了一种略带弹性的塑胶垫，将其截成长方形，然后带着它回到了老家。老家的小河滩上全是光洁漂亮的小石子。在石料厂，他将选好的小石子一分为二，一粒粒疏密有致地粘在胶垫上。干透后，他先上去反复试验感觉，反复修改好几次后，确定了样品，然后就在家乡开始批量生产这种具有按摩作用的脚垫，并在一周之内就为能代销的商店上了货。将产品送进商店只完成了销售工作的一半，另一半则是要把这些产品介绍给顾客。随后的半个月内，他每天都派人去做免费推介员。商店的代销量稳定后，他又开拓了一项上门服务：为大型公司铺设石子小道，为幼儿园、小学在操场边铺设石子乐园，为家庭铺设室内石子过道、石子浴室地板、石子健身阳台等。一块本不起眼的地方，一经装饰便成了一块小小的乐园。

紧接着，他变换花样，如将单色塑胶垫换成七彩的塑胶垫、将普通石子换成珍贵的玉石，以满足不同人的需要。

800 粒小石子就此铺就了一个人的赚钱之路。

不要担心自己没有创新能力，惠能和尚说：“下下人有上上智。”创新能力与其他能力一样，是可以通过教育、训练而激发出来，并在实践中不断得到提高的，它是人类共有的可开发的财富，是取之不尽、用之不竭的“能源”，并非为哪个人、哪个民族、哪个国家所专有。

因此，人人都能创新。你现在需要做的就是不断激发自己的创新能力。只要多一些想法、多一些创造，那么成功迟早会来临。

比较优势原理：把优势发挥到极致

饶春毕业于北京外国语大学英语专业，在一家外资公司任部门经理助理，月薪 3000 元。年轻靓丽的她，毕业两年里换了几份工作，但不外乎助理、秘书、文员、前台等。最近，她一咬牙又辞了职，报名参加茶艺师培训，决心做个茶艺师。很多朋友不理解，放着好好的白领不当，辞职去学什么茶艺？可饶春自有一番道理。“说是白领，可每天干的活儿不外乎跑腿、帮经理写英文 Email、打字、接待客人等，凡有个大学文凭的人都能干。而跳槽呢，最多挪个窝继续做助理，学不到一技之长。我一晃就要奔 30 岁了，还不知道自己的核心竞争力在哪儿。”

生活忙忙碌碌，找不到出路，为何不选一种自己想要的生活呢？饶春准备学了茶艺之后，利用自己的英文特长，向外国友人介绍中国博大精深的茶文化，她要在茶艺世界里找到属于自己的天地。

“3000 元的薪水说高不高、说低不低，工作也没什么挑战性，每天原地踏步，知识一点点被‘折旧’。与别的白领相比，我的英语水平不算高，但茶艺行业却是我的优势。”饶春说，“找到自己的优势后，就特别容易获得发展，建立自己的核心竞争力。”

任何优势都是建立在比较基础上的，都是相对的。没有比较，优势就无从谈起。在国际贸易中有个重要的经济学理论——“比较优势理论”，这个理论的定义是，如果一个国家在本国生产一种产品的机会成本（用其他产品来衡量）低于在其他国家生产该产品的机会成本的话，那么这个国家在生产该种产品上就拥有比较优势。

与比较优势相对应的一个概念是绝对优势。比如甲和乙两个人，甲比乙会理财，那么，甲在理财方面相对于乙有绝对优势；中国的彩电制造技术比印度强，中国在彩电制造上相对于印度有绝对优势。比较优势和绝对优势是否决定了人与人之间的分工关系或者国与国之间的贸易关系呢？我们进行如下分析：

甲比乙会理财，在这两个人中当然是甲来理财；中国比印度会生产彩电，当然是中国向印度出口彩电。但进一步推敲就会发现这个推论并不一定成立。甲比乙会理财，但甲比乙更会推销产品，在这个团队中谁来理财、谁来营销？答案是为了团队的总体利益，甲只能忍痛割爱，将账本留给乙。乙虽然不如甲会理财，但乙在推销产品上能力更差。将账本给乙，能够为甲腾出时间去搞推销。在这个团队中，甲的比较优势是营销，而乙的比较优势是理财。人与人之间的分工合作关系建立在比较优势之上，而不是绝对优势之上。

为什么会出现这样的结果？这种分配的前提是人的时间和精力是有限的。尽管甲各个方面都比乙强，但甲不可能一个人承担所有的任务。因为如果甲选择什么都自己做，那么受时间资源的限制，甲的收益会少于和乙合作所得的份额。同样道理，尽管中国在彩电生产上相对于印度有绝对优势，但在电脑生产上的绝对优势更大，那么中印贸易中会是中国向印度出口电脑、印度向中国出口彩电。两国的贸易关系是建立在比较优势而不是绝对优势的基础之上的。

比较优势原理告诉我们，对一个各方面都强大的国家或个人而言，聪明的做法不是仰仗强势、处处逞能，而是将有限的时间、精力和资源用在自己最擅长的地方。反之，一个各方面都处于弱势的国家或个人也不必自怨自艾，抱怨自己的先天不足。要知道，“强者”的资源也是有限的，为了它自身的利益，“强者”必定会留出地盘给“弱者”。比较优势原理的精髓就是我们中国人所说的“天生我材必有用”。

人力资源专家更注重个人的职业生涯发展和规划，更关心职业生涯发展的可持续性，这就不得不要求每个人从动态比较优势入手，合理分配个人的时间与精力，用以增加自身的职业生涯发展“资产”。

如何获得这些资产？人力资源专家的建议是有计划地把收入中的一部分以自我投资的形式消费。具体讲，就是把看似是支出的那一部分钱投入到对自己的各种形式的培训充电上。培训充电的内容应该首要考虑自己的专业和工作领域，因为这更容易使自己建立个人核心竞争力，从而在职场上拥有竞争优势。

有人说，上帝最公平的地方就在于，其对谁都不公平，每个人都有特长，也有短处，而且它们总不会同时出现。

每个人都不会“一无是处”，哪怕你看起来资质平庸、一无所长，也一定有连自己也未曾发觉的比较优势——就像大仲马也从未意识到自己的名字写得不错。人人都潜藏着独特的天赋，就像金矿一样埋藏在你看似平淡无奇的生命中。那些总是羡慕别人，认为自己一无是处的人，是挖掘不到自身的金矿的。将羡慕别人的眼光收回来，寻找自己的优势，很多时候，不是你没有优势，而是你不愿挖掘自己的优势。

著名的心理学家奥托指出，一个人所发挥出来的能力只占他全部能力的4%。也就是说，每个人都还有96%的能力尚未发挥出来，持续不断地发现并发挥你的比较优势，终有一天，它会变成自己的绝对优势，让你变成一个奇迹，被无数人羡慕。

1987年3月30日，第59届奥斯卡金像奖颁奖仪式正在洛杉机举行。在优美的乐曲声中，颁奖仪式的高潮终于到来了。

主持人宣布：玛莉·马特琳因在《上帝的孩子》中的出色表演，获得最佳女主角奖。全场立刻爆发出雷鸣般经久不息的掌声。

玛莉·马特琳在掌声和欢呼声中，快步走上领奖台。她激动不已，似乎有很多话要说，可人们没有看到她的嘴动，她把手举了起来，但不是挥手致意的姿势，眼尖的人已经看出她是在打手语，她的意思是：说心里话，我没有准备发言。此时此刻我要感谢电影艺术科学院，感谢全体剧组同事……

原来，这个奥斯卡金像奖最佳女主角奖获得者竟是一个哑女。其实，玛莉·马特琳不仅是一个哑女，还是一个聋子。

玛莉·马特琳出生时是个正常的孩子，但出生18个月后，高烧夺去了她的听力和说话的能力。

但这位聋哑女从小就喜欢表演。8岁时她加入聋哑儿童剧院，9岁时就在《盎司魔术师》中扮演了多萝西。这些表演经历，使玛莉认识到了自己生活的价值，她不断锻炼自己以提高演技。

1985年，19岁的玛莉参加了舞台剧《上帝的孩子》的演出。

女导演兰达·海恩丝决定将《上帝的孩子》拍成电影。为了寻找女主角的扮演者，她用半年时间在美国、英国、加拿大和瑞典寻找，但都没找到中意的。

有次导演偶尔观看了舞台剧《上帝的孩子》的录像，发现了玛莉高超的演技，决定立即起用玛莉担任影片的女主角。

玛莉扮演的萨拉，在全片中没有一句台词，全靠极富特色的眼神、表情和动作，揭示主人公矛盾复杂的内心世界——自卑和不屈、喜悦和沮丧、孤独和多情、消沉和奋斗。她勤奋、严谨、认真对待每一个镜头，用心去拍，表演得惟妙惟肖，让人拍案叫绝。

就这样，玛莉·马特琳实现了人生的飞跃，成为美国电影史上第一个聋哑影后。正如她自己所说的那样：我的成功，对每个人，不管是正常人，还是残疾人，都是一种激励。她用自己的勤奋执著将自己的比较优势变成了绝对优势，成为无数个青年自强不息、奋进不止的榜样。确实如此，上帝不会把每个人身上所有的门窗同时关死，其总会留下一线希望、一线生机，等待我们去发现。当我们用辛勤+耐心+等待去寻找的时候，我们也一定会找到这一线来自天堂的光明。

多米诺骨牌效应：投资要深谋远虑

投资创业几乎是每一位有志者的奋斗目标。刚起步时，我们很容易太过冲动，总是思考如何让事业持续到永远。

然而，相关的调查数据告诉我们：让事业永远沿着一个方向持续下去是个不折不扣的幻想。那么，如果能够预测经济衰退或危机什么时候到来，我们就能及时地撤退，从而避免多米诺骨牌效应的发生。

美国麦金利咨询公司调查显示，20 世纪 20～30 年代，全球 500 强企业的平均寿命是 65 年，到 1960 年变成了 30 年，而到了 1990 年则缩短至 15 年，到 2010 年企业的平均寿命为 10 年。所以，没有做好撤退的准备就开始创业是一件非常冒险的事情。

虽然顺利地撤退对于确保整体的利润是非常重要的，但人们很少提起它，大概是因为现实中人们更加关注成功而避讳失败吧。

在这个充满竞争、高速发展的新时代，任何企业都无法长久性地抱有永远鼎盛的期待。所以，明智的创业投资者从一开始就要研究中止事业时将面临的风险，并在此基础上轻装上阵。

具体来说，要尽可能地做到零库存，要坚持预先付款、现金回收的原则，不要有拖欠的货款；不要雇用正式员工，尽可能地使用临时兼职人员；必须严格坚守不签长期租约、不借钱的原则。

在创业的过程中，客户可能希望你能有库存，也可能提出延长付款期等各种要求。而如果答应了客户的要求，就有可能让你的事业背负极大的风险。也有的经营者抱着没有风险就没有利益的想法，认为有增加库存的必要，可是如果所得利润不足以维持库存的话，那么企业的运转就会崩溃。

迄今为止，大家都认为坚持是良好的品质，而且，中途停止事业会使我们对顾客心怀歉意。可是，事实上即使是像证券公司这样的大企业倒闭后，也没有多少顾客会因此而烦恼。

事实上，与其说中途停止事业要冒很大的风险，倒不如说，不预测中止时间、不采取相应对策才是最危险的。如果撤退的壁垒已经被升高了，想退都退不了，那么你的事业也就走到了终点。

从多米诺骨牌效应中，我们知道事物之间联系紧密、环环相扣。因此，我们在做事情时就要全盘考虑。

秦昭襄王跟赵惠文王在渑池会谈后，为保障互不侵犯，将公子异人送到赵国做人质。异人到赵后，赵孝成王想杀掉他来报复秦国的进攻，平原君对赵王说："留着他，还可作为赵国撤退时的一个条件，杀他并没有好处。"

孝成王答应不杀，但从此减少了对公子异人的供给。后来商人吕不韦发现了此人，就跟父亲说："种庄稼能得利多少？"

吕父说："一倍！"

吕不韦又问："经商呢？"

吕父说："十倍！"

吕不韦接着问道："要是打倒一个君主、另立一个君主，那利息该是多少呢？"

吕父笑道："那可没有止境了！"

听了父亲肯定的话，吕不韦开始用各种方式对公子异人进行贿赂。因此，公子异人十分感激吕不韦，跟他甚是亲近。一天，吕不韦请公子异人到家中饮酒，特意让自己最得意的赵姬来侍奉。赵姬跟吕不韦同居已有了身孕，而在敬酒时故意挑逗公子异人，令公子异人神魂颠倒。

吕不韦为了实现夺国的目的，便在酒桌上将赵姬送给了公子异人。

吕不韦怕夜长梦多，对赵姬说："他既然上了钩，就得把他钩住，快点办婚事，将来你就是皇后了，那时可别忘了我！"

公子异人与赵姬婚后不久，生子名叫政。一天，吕不韦对他说："秦王年纪已高，安国君恐怕不久就要继位了，即位后就要立太子，您不早些回国，那二十几个公子说不定谁就会被立为太子，您就没指望了。"

公子异人说："我没这么高的奢望，父亲不喜欢我，才推我出来做人质，我怎还敢盼望做太子？只要能回秦国，就算幸运了！"

吕不韦道："不然！您及早回去侍奉华阳夫人，是能做太子的。您父亲很宠爱华阳夫人，而华阳夫人又没儿子，您只要侍奉好华阳夫人，她收您做了儿子，安国君准能立您为太子。我拿出几千两黄金，到秦国去替您办这件事，您等待好消息吧！"

公子异人立刻跪拜说："将来我一定有厚报！"

吕不韦到秦国后，经过一番努力，华阳夫人欣然收公子异人为儿子，安国君命他迅速把公子带回秦国，并给了他三千两黄金作为费用。华阳夫人又补上一千两，嘱咐他快办此事。

吕不韦到赵国后，把金子交给公子异人，告诉他办事的经过，公子异人一再向吕不韦表示绝不相负。

昭襄王四十九年，秦军包围赵都邯郸，吕不韦用谎言和几千两黄金收买了赵将，护送公子异人一家三口顺利出了赵国都城。

到了秦国，公子异人讨得华阳夫人欢心改名子楚，住在华阳夫人宫里。

昭襄王死后，安国君即位为孝文王，子楚为太子；孝文王死后，子楚被立为庄襄王，赵政为太子，封吕不韦为丞相。

吕不韦的成功说明：有远见，才敢大投入；敢大投入，才能有大收获。

所以，想干一番事业的人应该多些深谋远虑，做到节节相扣、步步为营，才能实现心中的愿望。

布里特定律：广而告之，才容易人人皆知

几十年前，京剧大师梅兰芳初次到上海演戏，戏院老板把上海一家最有名报纸的头版整个买下来大做广告。第一天，整版上只印出三个字——梅兰芳。这马上引起了人们的兴趣与推测。第二天，报纸上还是这三个字。好奇者纷纷打电话给报馆，报馆答曰："明日见分晓。"因为广告所造成的神秘感，关注的人越来越多。直到最后一天，整版广告才在"梅兰芳"三字下面刊出一行小字：梅兰芳，京剧名旦，X日假座，CK剧院演出京剧《宇宙锋》《贵妃醉酒》《霸王别姬》。

此广告使市民被吊足了胃口，整个上海的好奇心都被激起来了，大家购票极踊跃息万变，都想先睹为快。梅兰芳的沪上演出因此大获成功。

上面这个故事，是中国广告史上一个经典的案例。中国人有句老话，"酒香不怕巷子深"，认为如果酒酿得好，就是在很深的巷子里也会有人闻香知味，前来品尝，不会因为巷子深而却步。它可以引申为只要东西或产品很好，哪怕不去做营销推广、广告宣传，人们（消费者）也会知道它，并自觉发挥个人积极性、主动性，历尽艰辛地去寻找它。在许多国人心目中，好的产品无需过分地渲染和夸赞。在这

种观念下，人们会忽视对商品的宣传。20 世纪 90 年代以前，这种思维左右着企业界和企业家，他们认为只要自己生产出好的产品，消费者就会源源不断而来，这是典型的“产品时代”思维。然而，事实是好产品很重要，但却不是企业取得市场成功的充要条件，如果仅仅认为有了好的产品就不愁没人买了，那等待企业的将是市场的冷淡反应。所以，哪怕是像梅兰芳这样近代最具盛名的京剧艺术家的表演，也需要通过打广告方式让广大百姓知道。

当今的社会是一个信息高速传播的时代，以赚钱盈利为目的的商家怎么会消极地等待一个偶然路过的人的发现呢？深巷中的酒，谁能闻得到？好酒也需要包装和宣传！在市场经济中求生存求发展的企业，特别是中小企业，如果还存在酒香不怕巷子深的观念，闭关自守的话，那么必将被淹没在残酷的市场竞争洪流中。有人称广告是“促进生产的润滑剂”，是“竞争的帮手”，肯定了它在经济建设中的作用。

在市场经济条件下，商品的内在十分重要，但是外在的包装和宣传也同样重要。商品宣传的好坏和是否到位，决定了这件商品的知名度与接受度，因此也就与商品的销售情况密切相关。如今，商家要想扩大商品的销量、赚得丰厚的利润，就必须用各种办法扩大商品的知名度。广告，无疑在其中扮演了极其重要的角色。俗话说，货好还得宣传巧。一则好的广告，能吸引消费者的眼球，诱导消费者的兴趣和感情，刺激消费者的购买欲望，让消费者心甘情愿地掏腰包付款。

1988 年夏天，在委内瑞拉经营的肯德基公司苦于其炸鸡无人问津，在媒体上做了这样一则广告：即日起到肯德基用餐超过 50 美元时，只要再加付 10 美元，就可以得到一只市价为 25 美元的冰桶，且冰桶里会灌满 5 公升的可口可乐，另外还送 10 张（每张 5 公升）可口可乐“续桶券”。在夏季，顾客可凭券在肯德基用餐，若消费超过15美元，可免费在冰桶中加满5公升的可口可乐。此则广告显然采用了“施以小惠”的宣传技巧：它避而不谈向顾客推销炸鸡之事，而只强调自己将优惠或免费赠送冰桶和可口可乐。如此的“天赐良机”，顾客能不动心吗？

果然，广告一发布，委内瑞拉人便疯狂地涌入肯德基店抢购灌满可口可乐的冰桶（只是先得花50美元吃一顿）！不出三个星期，肯德基食品的销量大幅攀升。

广告作为商品经济的产物，在搞活经济的舞台上扮演着越来越重要的角色。

可口可乐公司的前任老板伍德拉夫有句名言：“可口可乐99.1%是水、碳酸和糖浆，如若不进行广告宣传，谁去喝它呢？”可口可乐畅销全世界，打进了135个国家和地区的市场，被人们视为是美国精神的象征。可口可乐如此受人们喜欢，除了其他原因外，广告的作用不可低估。可口可乐公司从1886年开始，就不惜巨资充分利用广告手段来扩大产品销路。1886年，可口可乐公司的营业额仅有50美元，而广告费就花了46美元；1901年其营业额为12万美元，广告费花了10万美元；如今它的广告费每年平均在6亿美元以上。我们可以细算一下可口可乐广告费占营业额的比例：1886年为92%，1901年为83%，可能正是这个惊人之举使99.1%都是水、碳酸和糖浆的饮料卖了个世界第一名。

提高商品的知名度是企业竞争的重要内容之一，而广告则是提高商品知名度不可缺少的武器。精明的企业家，总是善于利用广告，提高企业和产品的“名声”，从而抬高“身价”，推动竞争、开拓市场。

广告在传递产品信息方面，是最迅速、最有效的手段之一。好的产品借助于现代化的广告，其所发挥的作用不知比人力推广要高出多少倍。好的广告不仅能为企业带来经济效益，还有利于树立企业的社会形象。广告能使经济效益和社会效益很好地结合起来，二者相辅相成、互相促进，企业的整体机能作用就能更好地得到发挥。

阿尔巴德定理：立足需求，发现商机

任何企业在进入一个新市场时，了解顾客的切实需求都是关键环节。只有充分了解顾客的需求特性心理等等因素，才能有针对性地制定产品价格、销售网络、服务体系等方面的策略。

企业要想在激烈的市场竞争中取得优势，就必须使自己的产品具有竞争力。而企业把握好顾客需求是其赢得市场、求得生存的关键因素，只有能最大限度地满足顾客需求的产品才能立于不败之地！

有人做过这样一个统计，在《财富》评选的500强企业中，大约20年就有1/3从名单中消失了，尤其是像微软、英特尔这类著名的高科技公司，20年前有的甚至没有成立。是什么导致一些企业的大幅度起落？为什么有些公司能够保持持续增长，而另一些企业却因四面楚歌悄然退出历史舞台了呢？其中一个很重要原因就是没有合理地把握顾客需求，没有调整好竞争策略。

单纯地强调企业的自我强大，强调如何攻击对手，强调市场份额，已经不能使自身的竞争力有所提高。竞争格局的变化远远比战争格局的变化要丰富得多，胜利也不仅仅表现在利润指标，或是将对手压倒在自己的市场份额及销售量上。击败对手与创造利润并没有必然的联系，过分强调击败对手的结果只能把注意力集中到价格上，而忽视了价格的终端，也就是消费者。

因此，纵观近期企业战略思维发生的转变，一个很明显的事实是，一批高增长公司几乎都不再关心与对手的较量或击败对手，而是紧紧地把握住顾客需求和顾客心理。

随着商品经济的日益成熟，市场大，能人多，谁的脑袋都不比别人笨，因而生意场上的各个领域、各个行业都已经被人折腾了个底儿朝天，要想找到一个未经开发的新行业比大海捞针还难。因此，发现潜在商机就显得十分宝贵了。

潜在的商机在哪里呢？其实，所谓的商机就是消费者的需求，只要有需求，就会有商机。如果把市场看成是由一些圆圈组成的场域话，那么这些圆圈间必然存在一些“缝隙”没有被完全包括和覆盖，这些缝隙就是由消费者需求带来的商机。难怪经营大师总是告诫那些在市场上找不着“北”的淘金者：市场如布，不会“天衣无缝”；商家似针，总可以插入到别人难以发现的缝隙中。一道小小的市场缝隙，往往就是一片广阔的新天地，谁先寻隙而入，谁就会成为赢家。

每位经商者都希望自己的产品在市场上畅销，但是怎样才能做到呢？方法很简单，那就是使它满足社会生活一部分的需要。世界上第一台自动书法机诞生的过程或许会给你带来启迪。

一天，谷野来到一家百货公司给朋友邮购礼品。按照惯例，他应该在礼品盒上写上几句恭敬的语句，但谷野不擅长书法，只好请店员代笔。一位店员小声嘀咕说：“已经卖100多份礼品了，要是每个都要我们代笔，可够麻烦的！”另一位店员附和着说：“是啊，如果有一台自动书法机就好了。”

说者无心，听者有意。谷野心头一动，这不是一个很有价值的市场需要吗，可是这个信息是否准确？谷野调查了十几家百货公司，了解到：日本的礼品市场年销售额达几千亿日元，每个人每年要送几十份礼品，每份礼品都要写上诸如“年贺”“御祝”“中元”等美好的祝语，而真正擅长书法的人却寥若晨星，许多商店只好请书法家代写，而聘金贵得惊人。谷野估计了一下，如果包括每年成千上万张贺年片，那么对书法的需求将相当可观。不久，第一台书法机诞生了，并在市场上一炮打响。

可以说，大千世界，尚未开发的市场无时不有、无处不在，各种各样的生财机会都很多，关键要看商家能否立足市场需求，练就一双敏锐的“市场眼”和观察市场、分析市场的能力。可以这样讲，如果经营者多动脑筋，多一点开拓市场的钻劲，何愁不能把握商机、驾驭市场呢?

多关心看似不起眼的零散信息，往往能带来商机。现代社会是信息社会，大家获取信息的渠道都差不多，精明之人就要广辟信息渠道，发掘获取最有价值的信息。零散信息便是获取商机的一种重要渠道，它指的是信息的内容尚未经专门机构加工整理就直接作用于人的感觉，如一句“闲话”、一丝“灵感”、一个“点子”等。这种零散信息产生于日常生活之中、流淌于百姓大众之间，不费一钱一物，因为其非正规、非主流的特性，所以决定了它不被多数人重视的结果，但实际上它可能产生的价值却不可小视。

欧元的流通让温州人大赚了一笔，听起来有些荒唐，然而事实确实如此！原来，欧洲各国使用的货币的票面比欧元短，加长的欧元放不进欧洲人的钱夹子，所以欧元流通之日就是欧洲人更换钱夹子之时，这就带来了挣钱的机会。要不怎么说温州人精明呢，从看似与自己毫不相干的事情中抓住了商机，通过钱夹子的生意，让欧洲人的钱进了温州人的钱夹子。

从此事足见，商机并不难找，只要你能抓住消费者的需求。

第五章

经营管理法则

艾奇布恩定理：莫以利小而不为

经营管理企业，小有小的好处、大有大的难处。企业在做大的过程中，难免会出现管理瓶颈，艾奇布恩定理正是反映了这一问题。艾奇布恩定理是指，如果你遇见员工而不认得或忘了他的名字，那你的公司就太大了点。摊子一旦铺得过大，就很难把它照顾周全。

如果让经济学家来看待规模问题，他们会引入一个经济学上更通俗的名词：规模不经济。按我们一般的理解，企业当然都希望规模越大越好，然而，经济学却认为，规模并不是越大越好。

虽然规模的扩大能够在一定程度上节约成本、优化资源配置，使企业的长期费用呈下降趋势，但规模的盲目扩张却也面临着规模不经济的风险。

我国调味品行业中的某知名民营企业老总是一个思维敏捷、做事干练的企业家，短短几年时间，公司就由一个小作坊发展到千余人的中型企业。面对大好形势，当地领导和专家都建议他抓住机会、扩大规模，取得规模优势。于是，他经过近一年的投资拼搏，使企业规模几乎翻了一番，但公司的经济效益却有所下降。公司老板感到困惑：不是说规模经济吗，为什么到我这里就显示不出规模效益，反而出现规模不经济了呢？

实际上，这不是一个人的困惑，许多人都面临同样的困惑。规模的扩大，可能让公司生产成本提升，如必须新增大量人工成本、增加营销管理费用来支撑更大的销售规模，由于需求走高使原材料供给出现紧张导致采购价格上涨、信息传递费用增加等，从而使企业走向规模不经济。

一个企业的生产规模可以在短时间扩大，但管理却是一个循序渐进的过程，不可能在短时间内有较大的飞跃务。管理学家弗兰克·奈克有一句经典论述："在处理和管理复杂事物中，企业家的能力显然是有极限的。"这种解释的一个前提条件是大企业必定比小企业复杂，企业规模的扩大导致经营管理上的极限。也就是说，企业规模的扩大必然伴随组织规模的扩大；组织规模的扩大，必然伴随企业人员的增加；人员的增加，又必须伴随管理层次的增加。此时，如果企业管理方式、管理手段没有跟上，仍然沿用过去的经验和方法，那么企业管理的效率就会下降，给企业带来管理成本的上升，致使企业管理的总成本增加，产生规模不经济。

有很多企业，成本降不下来，效率上不去，一个重要的原因就在于没有实现适度规模。亚伦·艾奇布恩提出的"艾奇布恩定理"，就是为了提醒人们注意规模。显然，他衡量一个公司是否超过应有规模的标准就是你能否记住每一名员工的名字。这或许更多的是一种西方式幽默，然而，艾奇布恩提出的定理却一直在提醒每一位成功的管理者：把自己的摊子照顾周全，否则，就不要铺得过大。

贪大是创业者的常见"病症"之一。贪大有两个含义：一是贪规模，也就是说，尽管是在起步阶段，也尽可能地将摊子铺大；二是贪大利，在很多创业者眼里，小利润从来都不被看上眼，认为只有捕捉到鲸鱼才是真正的出海。殊不知，以新创企业那么瘦小的身板，即使是捕捉到了鲸鱼，也有可能被噎死。

阿里巴巴和淘宝网是中国最成功的电子商务网站。探究它们成功的秘诀，就在于创始人着眼于小利来设计企业的发展战略，抓住小利，而不是将企业的未来押在大利上。

在一次名人访谈节目中，博鳌亚洲论坛秘书长龙永图问了马云一个问题：你（阿里巴巴）现在供应商当中有多少是中小企业？马云的回答令龙永图有些吃惊："我们现在整个阿里巴巴的企业电子商务有1800万家企业支持会员，几乎全是中小企业。当然，沃尔玛也好，家乐福也好，海尔也好，甚至GE都在我们这儿采购，但是我对这些企业一点兴趣都没有。"龙永图笑着说："难怪人家说你是狂人，口出狂言。"在场的人们显然都不太相信马云的大话，怎么可能会有对大客户不感兴趣的企业呢？马云不慌不忙地解释道："我只对我关心的人感兴趣。我对中小型企业感兴趣，就盯上中小型企业，顺便淘进来几个大企业，但它不是我要的。就像你刚才讲的，龙（龙永图）先生不购物，网上不购物，我一定不会吃惊。但有一样，我坚信一个道理，有的人喜欢在海里抓鲨鱼、抓鲸鱼，我就抓虾米。我相信是虾米驱动鲨鱼，大企业一定会被中小型企业驱动。所以，我那时候就想企业在工业时代是凭规模、资本来取胜，而信息时代则一定是靠灵活快速的反应。我唯一希望的就是用IT、用互联网、用电子商务去武装中小型企业，使它们迅速强大起来。"

从这段对话中，我们了解到马云把大企业比作"鲸鱼"，把小企业比作"虾米"，阿里巴巴只对虾米感兴趣，它的主要客户是小虾米而不是鲸鱼。马云之所以盯紧"小虾米"、眼里只有"小虾米"，其实是因为他对中国中小企业以及阿里巴巴自身的成长经验的了解。

关于这一点，马云讲了一个故事：

2003年的冬天，他到沈阳去看市场，顺便见了两个客户。其中一个客户见了他就拉着他的手说："我真想把你像佛一样供起来。"

马云奇怪地问："怎么了?"原来，那位客户的生意多亏了阿里巴巴。客户在2003年一共有60个客户，58个是从阿里巴巴来的。马云好奇地问他："你是做什么生意的?"客户回答说："我们的企业很小，我们是做标牌生意的。"马云自小生长在私营中小企业发达的浙江，从最底层的市场一路摸爬滚打过来，深知中小企业的困境——被大企业压榨、控制。"例如市场上一支钢笔订购价是15美元，沃尔玛开出8美元，但是1000万美元的订单供应商不得不做，可如果第二年沃尔玛取消订单，这个供应商就完了。而通过互联网，小供应商就可以在全球范围内寻找客户了。"

马云要做的事就是提供这样一个平台，将全球中小企业的进出口信息汇集起来。"中小企业就好比沙滩上的一颗颗石子，但通过互联网可以把一颗颗石子全黏起来，用混凝土黏起来的石子们威力无穷，可以与大石头抗衡。互联网经济的特色正是以小博大、以快打慢。""我要做数不清的中小企业的解救者。"另外，马云还考虑到，因为亚洲是最大的出口基地，阿里巴巴以出口为目标，帮助全国中小企业出口是阿里巴巴的方向，他相信中小企业的电子商务更有希望、更好做。

电子商务要为中国中小企业服务，这是阿里巴巴的战略。在马云的眼里，小虾米并不小，他们集中起来可以形成很强大的力量，他只注重虾米的世界。

小利照样能够赢得巨额利润。古人云："不积跬步，无以至千里；不积小流，无以成江海。"在创业的过程中，很多梦想"一夜暴富""一口吃成胖子"的人没有达到目的，而那些独辟蹊径、不放过赚小钱机会的人却赢得了成功。从企业发展的角度来考虑，利润的薄厚不是关键，关键在于企业能否长久赢利。因此，抱定"莫以利小而不为"的经营理念，一定能成为"积微成巨"的大赢家。

诚信法则：人无信不立，业无信不兴

经济学非常注重诚信，“人无信不立，业无信不兴”。诚信的本义就是要诚实、诚恳、守信、有信，反对隐瞒欺诈，反对假冒伪劣，反对弄虚作假。诚信虽然归属于道德范畴，但同时也是市场经济得以运行的基石。晋商成功靠的就是“诚信”两个字。八国联军进北京后，晋商在北京的票号被毁，账本库存全无，但票号对持有存单的人全部照付，不惜血本保证信用。古人云：“无诚则有失，无信则招祸。”如果厂商失去诚信，不仅坑害消费者，最终也会为自己招致祸端。那些践踏诚信的人也许能得利于一时，但终将作茧自缚、自食其果；那些制假售假者，或欺蒙诈骗者，则往往在得手一两次后便会陷入绝境，导致人财两空。

诚信的巨大作用在几千年前就被我们的祖先提出了。在今天，诚信依旧发挥着巨大的作用。要知道，所有的商业声誉都建立在诚信的基础上，今天，由于信息传输更快、更难以捕捉，声誉也就更容易丧失，所以，诚信比以往的任何时候都显得更为重要。

在市场经济的今天，“假”可谓是一个比较时髦的字眼。官员造假数字、商人造假产品、学校卖假文凭，使诚信受到极大冲击。恢复诚信，重建信任关系，已成为市场经济成败的关键。市场经济归根结底是以诚信为基础的。西方有句谚语说，你能永远骗少数人，也能暂时骗所有人，但你不能永远骗所有人。

一对夫妻开了家烧酒店。丈夫是个老实人，为人真诚、热情，烧制的酒也好，人称“小茅台”。有道是“酒香不怕巷子深”，一传十、十传百，酒店生意兴隆，常常供不应求。为了扩大生产规模，丈夫决定外出购买设备。临行前，他把酒店的事都交给了妻子。几天后，丈夫归来，妻子说：“我知道了做生意的秘诀。这几天我赚的钱比过去一个月赚的还多。秘诀就是，我在酒里兑了水。”丈夫给了妻子一记重重的耳光，他知道妻子这种坑害顾客的行为将他们苦心经营的酒店的牌子砸了。“酒里兑水”的事情被顾客发现后，酒店的生意日渐冷清，最后不得不关了门。

如今，诚信被越来越多的人看重。诚信是为人之道，是立身处事之本，是人与人相互信任的基础。诚实守信作为职业道德，对于一个行业来说，其基本作用是树立良好的信誉、树立值得他人信赖的行业形象。它体现了社会承认一个行业在以往职业活动中的价值，从而影响到该行业在未来活动中的地位和作用。

在现代经济社会，即使一个企业拥有雄厚的资本实力和现代化的机器设备、有誉满全球的品牌优势，建立了很好的采购和销售网络，并且有一支高素质的员工队伍和高学历的管理者队伍，但如果它在财务报表、商品和服务上作假，欺骗投资者和客户，丢掉了信用资本，就没有银行愿意给其贷款，企业的股票、债券和商品就会没有人买。合作者和客户没有了，所有物力资本与和人力资本就都失去了其意义，企业必然会陷入困境。

2008 年的“三鹿奶粉”事件震惊全国，从层层剥开的真相来看，令人震惊的是一些企业商业道德的沦丧。

河北三鹿集团生产的婴幼儿奶粉价格低廉，是广大处于中低层经济水平家庭的育婴首选产品。但是，为了节约成本、牟取暴利，三鹿集团选择了添加大量廉价“大豆蛋白粉”的奶源，而这些所谓的“大豆蛋白粉”实为伪造蛋白质的化学原料三聚氰胺。实验表明，三聚氰胺会影响人体泌尿系统，可能导致泌尿系统结石。很多婴儿就是因为食用了含有三聚氰胺的奶粉而得了结石。据新华网报道，三鹿集团从 2008 年 3 月开始就陆续接到一些食品安全的投诉，却置众多婴幼儿的生命健康于不顾，继续生产“毒奶粉”，直至同年 9 月该事件被大规模曝光才停止生产。据不完全统计，全国共有 5.3 万儿童因食用添加三聚氰胺的奶粉中毒，其中 4 人死亡、1200 多人住院观察。

通览“三鹿奶粉”事件中企业的表现，他们有见利忘义的冲动，有明知故犯的侥幸，有心知肚明的“默契”，就是没有起码的道德良知。这种行为重创了奶制品行业，更重创了社会的诚信机制。

诚信是社会契约的前提，道德是商业文明的基石。作为人们共同的行为准则和规范，诚信是构成社会文明的重要因素，也是维系和谐人际关系、良好社会秩序的基本条件。如果诚信缺失、道德败坏、是非不分、荣辱颠倒，文明底线失守，再好的制度也无法生效，发展也会出问题。

任何经济行为如果忽视其道德价值，任由各利益主体只追求自己的利益最大化，而不惜损害他人的利益，不仅会引发质量危机、责任危机、信用危机，更有可能导致经济生活的全面混乱，祸害整个社会。

如今我们的经济体制有了根本性转变，市场经济虽然存在竞争，但竞争必须公平。公平就要求人们相互尊重、以诚信为本，尔虞我诈不符合道德要求。市场经济价值取向要求人们具有开拓进取精神，要求人们必须通过正当的经济活动实现人生价值，每个企业都要以诚信作为前提。

二八法则：抓住起主宰作用的“关键”

理查德·科克在牛津大学读书时，学长告诉他千万不要上课，“要尽可能做得快，没有必要把一本书从头到尾全部读完，除非你是为了享受读书本身的乐趣。在你读书时，应该领悟这其精髓，这比读完整本书要有价值得多”。这位学长想表达的意思实际上是：一本书80%的价值，在20%的页数中就已经阐明了，所以只要看完整部书的20%就可以了。

理查德·科克很喜欢这种学习方法，而且一直将其沿用了下来。牛津并没有一个连续的评分系统，课程结束时的期末考试就足以裁定一个学生在学校的成绩。他发现，如果分析过去的考试试题，会发现把所学到与课程有关的知识的20%甚至更少准备充分，就有把握回答好试卷中80%的题目。这就是为什么专精于一小部分内容的学生，可以给主考人留下深刻的印象，而那些什么都知道一点但没有一门精通的学生却考不出好成绩的重要原因。这项心得让他不用披星戴月、终日辛苦地学习，但依然取得了很好的成绩。

理查德·科克到壳牌石油公司工作后，在可怕的炼油厂内服务。他很快就意识到，像他这种既年轻又没有什么经验的人，最好的工作也许是咨询业。所以，他去了费城，并且比较轻松地获取了工商管理的硕士学位，随后加盟了一家顶尖的美国咨询公司。第一个月，他领到的薪水是在壳牌石油公司的 4 倍。

就在这里，理查德·科克发现了许多运用二八法则的实例。咨询行业 80% 的成长，几乎全部来自专业人员不到 20% 的公司，而 80% 的快速升职也只有在小公司里才有——有没有才能根本就不是主要问题。

当理查德·科克离开第一家咨询公司，跳槽到第二家的时候，他惊奇地发现，新同事比以前公司的同事更有效率。

怎么会出现这样的现象呢？新同事并没有更卖力地工作，但他们充分利用了二八法则。他们明白，80% 的利润是由 20% 的客户带来的，这条规律对大部分公司来说都行之有效。这样一个规律意味着两个重大信息：关注大客户和长期客户。大客户所给的任务量大，这表示你更有机会运用更年轻的咨询人员；长期客户的关系造就了依赖性，因为如果他们要换另外一家咨询公司就会增加成本，而且长期客户通常不在意价钱问题。

对大部分的咨询公司而言，争取新客户是重点工作，但在他的新公司里，尽可能与现有的大客户维持长期关系才是明智之举。

不久后，理查德·科克确信，对于咨询师和他们的客户来说，努力和报酬之间也没有什么关系，即使有也是微不足道的。聪明人应该看重结果，而不是一味地努力；应该依照一些解释真理的见解做事，而不是像头老黄牛般单纯地低头向前。相反，仅仅凭着脑子聪明和做事努力，不见得就能取得顶尖的成就。

二八法则无论是对企业家、商人还是对电脑爱好者、技术工程师和其他任何人来讲意义都十分重大。这条法则能促进企业提高效率，增加收益；能帮助个人和企业以最短的时间获得更多的利润；能让每个人的生活更有效率、更快乐；它还是企业降低服务成本、提升服务质量的关键。

微软的创始人比尔·盖茨曾开玩笑说，谁要是挖走了微软最重要的约占20%的几十名员工，微软可能就完了。这里，盖茨告诉了我们一个秘密：一个企业持续成长的前提就是留住关键性人才，因为关键人才是一个企业最重要的战略资源，是企业价值的主要创造者。

留住你的关键人才吧，因为关键人才的流失有时对一个企业来讲是致命的。

因此，在任何时候，你都要和他们保持良好的沟通，这种沟通不仅是物质上的，更是心理上的，让他们觉得自己在公司具有举足轻重的地位。如果他们感觉到老板对自己的赏识，他心中便会升华一种责任感，从而愿意与公司共进退。

一家西方知名公司的首席执行官刚刚实行了一项革命性的举措——部门经理每季度提交关于那些有影响力、需要加以肯定的职员的报告。这位首席执行官亲自与他们联系，感谢他们的贡献，并就公司如何提高效率向他们征求意见。通过这一举措，这位首席执行官不仅有效留住了关键性的人才，还得到了他们对公司的持续发展提供的大量建议。

另外，要仔细分析关键人才在什么情况下业绩最佳，以及在那段时间内他们是如何工作的。因为即使是一个关键人才，他的业绩也不是每个季度、每个月都一样。根据二八法则，找出他们创造了80%的业绩的20%的工作时间，可以分析他们在那段时间内创造佳绩的原因。

你也许会问，对表现差的那80%的销售员该怎么办?

其实这些问题你不必考虑，你要训练的是那些打算长期留在身旁的人，而若训练随时准备让他们走人的员工则是徒劳无功的。

让关键人才来训练你打算留下来的人员，经过一个阶段之后，在受训人员中淘汰掉表现较差的一部分，只保留表现最好的，把80%的训练计划和精力放在他们身上，力争他们也成为公司的关键人才。这样，长江后浪推前浪，整个公司的业绩也就上升了。

一位著名的管理学者说："成功的人若分析自己成功的原因，就会发现二八法则在自己成功的道路上发挥了巨大作用。80%的成长、获利和发展，来自20%的客人。公司至少应知道这20%是谁，才可能清楚看到未来成长的前景。"

1998年，在梅格·惠特曼出任eBay（易趣网）公司首席执行官5个星期之后，她主持了一次为期两天的会议，讨论收缩销售战线的问题，并再次检查用户数据。如果了解eBay公司每个卖家的交易量（当然这由eBay公司负责），你就可以很容易地列出双栏表格。第一栏按照递减顺序，也就是按照交易量从最大到最小的顺序将客户排列下来。第二栏进行交易量累计（例如第一栏中，第一名客户的交易量为5万美元，第二名客户的交易量为4万美元，那么，在第二栏中，对应第一名客户的交易量累计将会是5万美元，而对应第二名客户的交易量累计则为9万美元）。现在看看第二栏，我们可以找到累计销售额占eBay公司总销售额80%的客户，从中我们可以知道eBay公司销售的集中程度怎样。

经过两天的整理和排列，惠特曼和她的团队发现，eBay公司20%的用户占据了公司总销售量的80%。这个消息并非听听而已，它提醒大家，针对这20%客户的决策对于eBay公司的发展和收益非常关键。当eBay公司的管理者追踪这20%核心用户的身份时，他们发现这些人大都是收藏家。因此，惠特曼和她的团队决定不再像其他网站那样，通过在大众媒体上做广告去吸引客户，转而在收藏家更容易关注的玩偶收藏家、玛丽·贝丝的无檐小便帽世界等收藏专业媒体和收藏家交易展上加大宣传力度，这一决策成为了eBay成功的关键。

将注意力集中在核心用户身上，促成了 eBay 公司大销售商计划的诞生。该计划旨在通过提升核心客户的表现，从而带动 eBay 公司自身有更好的表现。该计划向三类大销售商提供了特权和认可，他们分别是：铜牌用户，每月销售 2000 美元；银牌用户，每月销售 10000 美元；金牌用户，每月销售 25000 美元。只要大销售商获得了买家的好评，eBay 公司就会在这个销售商的名字旁边加注一个专用徽标，并给他们提供额外的客户支持。比如，金牌销售商可以拥有 24 小时客户支持的热线电话。

由此可见，在公司管理中，要想运用二八法则来调整管理的策略就得首先清楚掌握公司在哪些方面是赢利的、哪些方面是亏损的，只有对局势有了全面的了解，才能对症下药，制定出有利于公司发展的策略。如果脑袋里是一笔糊涂账，就无从谈起二八法则的运用，而那些琐碎、无用的事情将继续占据你的时间和精力。所以，首要的任务是对公司做一次全面分析，细心检查公司里的每个细微环节，理出那些能够带来利润的部分，从而制定出一套有利于公司成长的策略。

你要找出公司里什么部门业绩平平、什么部门创造了较高利润、又有哪些部门带来了严重的赤字。通过分析比较，你就会发现哪些因素在公司中起到举足轻重的作用，而另一些在公司中的作用则显得微不足道。

在企业经营中，少数的人创造了大多数价值，获利 80% 的项目只占企业全部项目的 20% 。因此，你应该学会时刻注重那关键少数，提醒自己把主要的时间和精力放在那关键的少数上，而不是用在获利较少的多数上，泛泛地做无用功。

分粥规则：利己并不妨碍公平

分粥的难题

有一个很古老的故事：

有7个小矮人在一起共同生活，其中每个人都没有什么凶险祸害之心，但不免有自利的心理，他们每天要分食一锅粥，但没有称量用具。

大家发挥了聪明才智，试验了各种不同的方法，主要方法如下：

方法一：拟定一人负责分粥事宜。很快大家就发现，这个人为自己分的粥最多，于是换了人，结果总是主持分粥的人碗里的粥最多。大家得出结论：权力导致腐败，绝对的权力导致绝对的腐败。

方法二：大家轮流主持分粥，每人一天。虽然看起来平等了，但是每个人在一周中只有自己分粥那天吃得饱且有剩余，而其余六天都饥饿难耐。结论：资源浪费。

方法三：选举一位品德尚属上乘的人。开始还能维持基本公平，但不久他就开始为自己和溜须拍马的人多分。结论：毕竟是人不是神。

方法四：选举一个分粥委员会和一个监督委员会，形成监督和制约。公平基本做到了，可是由于监督委员会经常提出多种议案，分粥委员会又据理力争，等粥分完，早就凉了。结论：类似的情况在政府机构中比比皆是。

方法五：每人轮流值日分粥，分粥的人最后一个领粥。结果，每次七只碗里的粥都一样多。

这就是分粥的难题。要让分粥工作既有效率又公平，确实不是一件容易的事情。所幸的是，7 个小矮人通过实践，最终实现了效率与公平的共赢。

所谓“分粥规则”，是政治哲学家罗尔斯在其著作《正义论》中提出的。在这个颇有趣味的小故事背后，揭示的是社会财富的分配问题。罗尔斯把社会财富比作一锅粥，这锅粥当然不是敞开的“大锅饭”，所以罗尔斯假设 7 个小矮人共同分粥——这 7 个小矮人，实际上代表的就是政治经济学体制下的广大人民；而以上小矮人进行的不同的试验，代表的自然就是不同的政治经济体制。

在没有精确计量手段的情况下，无论选择谁来分，都会有利己的嫌疑。经过多方博弈后，解决的方法就是第五种——分粥者最后喝粥，等所有人都把粥领走了，“分粥者”喝剩下的那份。因为让分粥者最后领粥，就给分粥者提出了一个最起码的要求——每碗粥都要分得很均匀，否则最少的那碗肯定是自己的。只有分得合理，自己才不至于吃亏。因此，“分粥者”即使只为自己着想，结果也是公正、公平的。

华盛顿合作定律：创建高绩效团队，让1+1>2

法国心理学家黎格曼进行过一项试验，专门探讨团体行为对个人活动效率的影响。他要求工人尽力拉绳子，并测量拉力。参加者有时独自拉，有时以3个或8人为一组拉。结果是：个体平均拉力为63公斤；3人团体总拉力为160公斤，人均为53公斤；8人团体总拉力为248公斤，人均只有31公斤，只是单人拉时力量的一半。黎格曼把这种个体在团体中较不卖力的现象称为“社会懈怠”。

关于黎格曼的试验结果，很多人都非常好奇，为什么人多反而影响工作效果呢？这就是“华盛顿合作定律”在现实中的一种表现。

在人与人的合作中，假定每个人的能力都为1，那么10个人的合作结果有时会比10要大得多，有时甚至比1还要小。因为人不是静止的动物，更像是方向各异的能量，相互推动时自然事半功倍，相互抵触时则一事无成。

那么，我们如何才能创建高绩效团队，让1+1>2呢？

一家公司招聘职员，最后要从3位应聘人员中选出两个。他们给出的题目是这样的：

假如你们3个人一起去沙漠探险，在返回的半途中，车子抛锚了。这时，你们只能选择4样东西随身带着。你会选什么？这些东西分别是：镜子、刀、帐篷、水、火柴、绳子、指南针。而其中的帐篷只能住两个人，水也只有一瓶矿泉水。

甲男选的是：刀、帐篷、水、火柴。

面试经理问他，为什么你第一个就要选刀？

甲男说：“害人之心不可有，防人之心不可无。这帐篷只够两个人睡，水只有一瓶，万一有人为了争夺生存的机会想害我呢？所以，我把刀拿到手，也就等于把所有主动权控制在了手中。”

乙女和丙男选的 4 样物品为：水、帐篷、火柴、绳子。

乙女解释说：“水是必需品，虽然只够两个人喝，但可以省着点，相信也能够让 3 个人一起坚持到最后；帐篷虽然只能容纳两个人睡，但是可以 3 个人轮换着来休息；火柴也是路上必不可少的；而绳子可以用来把 3 个人绑在一起，这样在风沙很大、目不见物的时候就不会失散了。”丙男给出的解释与乙女相同。

最后，甲男被淘汰出局。

可以看出，甲被淘汰出局，是因为他没有良好的合作意识。当今社会，靠独自蛮干获得事业进步的工作大多已不复存在；相反，现在想要有一番成就，就必须寻求同事间的相互配合。团队的收益往往意味着个人事业的发展，只有去寻求同事间的协作，发挥彼此的长处，才有利于工作的完成，更有利于个人在职场上的驰骋。

同时，就任何一家企业而言，如果出了差错或面对艰巨的任务时员工都互相扯皮、敷衍了事，往往是因为责任分配不明确。为什么 3 个和尚没有水喝呢？原因就是没有明确的分工，如果一人各挑一天水，天天把水挑满，或者你打柴、他扫地，另一个去挑水，其结果可能会好很多。

对企业中人力资源的管理也一样，只要分工明确，那么互相扯皮、推卸责任的员工就会减，就是有，也能使大家轻易地看出谁在敷衍了事，谁在互相推诿。只有让每个人都知道自己该做什么，才能遏制“华盛顿合作定律”现象的发生。

此外，我们还要明白，聚集智慧相等的人不一定能使工作顺利进行，往往只有分工合作，才会取得辉煌的成果。在人员调配中，必须考虑到员工之间的相互配合，如此才能发挥个人的聪明才智，这也是人事管理的金科玉律。一般所说的量才适用，就是把一个人安排在最合适的位置，使他能够完全发挥自己的才能。然而，更进一层地分析，每个人都有长处和短处，在分工合作时，若要取长补短，就必须全面考虑双方的优点及缺点，然后再鼓励他们，齐心协力地把事情做好。

在经济日益全球化的今天，我们不可能把自己封闭起来，任何人都需要与他人进行合作才会有更好的发展。那么，如何在合作中走出华盛顿合作定律的制约，取长补短，追求整体的高效率，则是大家共同关注的课题。

雷尼尔效应：人性管理才能收获人心

位于美国西雅图的华盛顿大学计划在校园的华盛顿湖畔修建一座体育馆，但引起了教授们的强烈反对。因为体育馆在那里落成，便恰好挡住了从教职员工餐厅窗户欣赏到美丽湖光的视线。与当时美国的平均工资水平相比，华盛顿大学教授们的工资要低20%左右。而他们在没有流动障碍的前提下自愿接受这么低的工资，完全是出于留恋那里的湖光山色：西雅图位于太平洋沿岸，华盛顿湖等大小水域星罗棋布，晴天时可看到美洲最高的雪山之一——雷尼尔山峰。他们为了美好的景色而牺牲获得更高收入的机会，这被华盛顿大学经济系的教授们戏称为“雷尼尔效应”。

通过前面的例子我们发现，华盛顿大学教授的工资80%是以货币形式支付，20%是由良好的自然环境补偿的。如果因为修建体育馆而破坏了这种景观，就意味着工资降低了20%，教授们很容易流向其他大学。可见，只有明晰员工的真正需求才能留住人才，这就是著名的雷尼尔效应。

当今，企业的竞争主要是人才的竞争。企业是否能够吸引和留住人才，成为一个企业成败的关键。美丽的西雅图风光可以留住华盛顿大学的教授们，同样的道理，企业也可以用温情来吸引和留住人才。

《亚洲华尔街日报》《远东经济评论》曾联手对亚洲10个国家和地区的355家公司进行调研，涉及26种产品、9.2万名员工，最终评选出前20名最出色的雇主。根据这项调查，员工心目中的“好公司”与公司资产规模、股价高低并没有直接的联系，虽说入选的20家上榜公司各有各的绝招，但它们都具备一个共同特征——带着浓浓的人情味。

小何大学毕业后到一家大型企业工作。工作的前3年，公司效益非常好，每个月小何总会有一笔不菲的工资和奖金。在外人眼里，这一切已经很不错了，他也很知足。然而，由于他和一起共事的同事大都是大学刚毕业的年轻人，随着时间的推移，按部就班的工作节奏使他们变得懒散，总觉得工作缺少激情。所以，他们都想跳槽换个环境。

不料，就在他们决定跳槽的时候，公司由于在一个重大项目上的决策失误而损失惨重，多年来公司创造的辉煌一夜之间化为乌有，面临破产的困境。平时公司的经理带领他们创业，对这些年轻人也格外照顾。在公司处于困境的时候选择跳槽，他们很是过意不去，但是长期在公司待下去又不会有太大的发展前途。权衡再三，他们还是决定离开，另谋高就。就这样，几个年轻人写好了辞职报告，准备去找经理谈话。

盛夏时节酷暑难耐，为了节约用电，公司老总把自己办公室空调的温度从23℃提高到了24℃。为此，经理特意在门口贴了一张小纸条：“关键时刻，让我们从点滴做起。尽管公司处于困境，但困难只是暂时的，如同乌云遮不住太阳。为了节省1℃电量，你们进入我的办公室时，可以随便减去一件衣服。”

在这个以严格的等级制度管人的公司，没有人可以在进入经理办公室之前随随便便脱去西装。时间长了，经理发现了这一点，立即从自己做起，自己先减去一件衣服，穿着随便些，让来汇报工作的员工放松心情，自然一些。那天小何他们走到经理办公室门口。看到小纸条，没敢脱衣服，但心微微地触动了一下。走进办公室，他们发现经理穿着很随便，而且他们观察到经理室的空调温度比往常高了1℃。经理让他们脱去外套，有什么想法慢慢汇报。而他们先前想好的理由顷刻间化为乌有，最后他们都红着脸退了出去。

此后，他们的心长久地被那1℃温暖着，尽管那1℃对一个员工上千的企业算不了什么，但是他们从那微不足道的1℃中看出了一种温暖、一种精神。几个月过去了，他们始终没有人提辞职的事情。后来那家公司走出了困境，企业的发展蒸蒸日上。有人说，企业的成功其实与1℃有关。

很难相信，一个企业的兴衰与小小的1℃息息相关，但那是最温情的1℃。正是这微小的1℃孕育了一种强大的力量，唤醒了埋在人性深处的一种温情，将个体的命运与集体的命运紧紧地联系在一起，形成一种温情的团队精神，战胜了看似很大的困难。

为人处世，一个人需要这样的1℃；营生立业，一个企业更需要这样的1℃。这种温情，正是企业得以留住员工的“西雅图风光”。

“雷尼尔效应”对企业吸引和留住人才具有重要的借鉴意义：只有展示出你的人情味来，才能做到人心所向，真正留住员工的心。换言之，人情味乃是吸引和留住人才的重要因素。

当你能很人性化地对待员工时，他们获得的激励感受是物质奖励远远不能达到的。同时，你也会发现，越是在一个看似严峻复杂的时刻，一句最朴实的实话越可能带来出乎意料的好效果。

美国四大连锁店之一的华尔连锁店将其成功的秘诀概括成一句话，那就是：“我们关怀我们的员工。”

在深圳的一家企业里，精明能干的老板总会询问员工有无工作上的困难，为员工送上温暖、关怀的问候，休息时间叫个下午茶，和大家一起讨论《第五项修炼》《追求卓越》中的经典章节。每逢周末，老板还会请大家参加一些健身、娱乐活动，尽量放松工作中紧张的情绪。

人是企业中最珍贵的资源，也是最不稳定的资源。当他们心情不好、对领导不满意、对同事不顺眼、对薪酬不满、对政策怀疑、对制度反感、生活上存在问题和困难时，就会意志消沉或心不在焉，直接影响到企业目标的实现。而当你真心、真情地关怀员工，把爱心注入与员工的沟通中时便会发现，员工会把劳动作为享受自己幸福生活的手段之一，把企业作为实现幸福生活的依托。

人情化管理其实也是公司激励员工的方式之一。说到激励，首先是要鼓励员工参与企业的管理。美国有个州的农业保险公司以善于留住人才而著称。他们用一个简单的方法来实现员工认同的“个性化奖励”。经理人员要求每个员工完成一份自己的“喜好列单”——列举他们喜欢做的事和喜欢的东西，比如最爱吃的冰淇淋、颜色、花、电影明星、饭店、度假区、业余爱好、娱乐等。当经理人员想要奖励有优秀表现的员工时，查阅一下其“喜好列单”就可以马上“度身定做”该员工的奖励。

人不仅仅是“经济人”，还是“社会人”，人通过组织获得的力量必然大于人本身的力量，员工对组织的参与度越深，就越能认同组织的理念和文化，越能体现员工在组织中的存在价值，从而达到个人目标服从组织目标的目的。

总之，企业的发展靠的是人才。对于企业管理者而言，不要吝啬向员工展示你的真诚、关爱和私人交情。

赫勒法则：动力来源于监督

人们常说，没有压力就没有动力。在现实生活中，也的确是如此。没有人管着你，你就什么也不想做，这都是人类的惰性在作怪。人生来都是喜欢享受的，没有生存的压力、没有别人的监督，就不会有人去拼命工作。其实，人类的发展史就是一部“惰化史”，人类为了活得更轻松自在、更省心省力，发明创造了一系列代替自己劳动的物品，也正是这些伟大的发明使人类社会一步步发展到了今天。人类社会的每一个重大发明，几乎都是在人类的惰性驱使下完成的。所以，我们不得不感谢我们的惰性。但是，这种惰性如果不加以有效地监督，就会泛滥成灾，到时社会就有可能瘫痪。

每一个当过学生的人几乎都有这样的感受，如果老师第二天不检查作业的话，你这一天都不会想写作业。我们也知道学习不是为了老师，但是如果老师不监督我们，我们就会时刻选择逃避。这是孩子的天性，也是人类的通病。当然，这其中也不乏一些自控力特别好，或者天生就很勤劳的人。但是在企业中，为别人打工，钱拿得一样多，能少干些就是赚了。很多人都抱有以上想法，认为给别人打工没必要那么尽力。也正是由于有这种想法的存在，才会使监工这种职业很早就出现在人类的历史上。有人监督，工作不得不卖力；有人监督，心中就有顾忌，自然工作就会认真对待。而没有人检查自己的工作，你不自觉地就会懈怠；如果有人要检查自己的工作，你也会自然地紧张起来。人就是这样奇怪，没人管还真不行。

世界两大快餐巨头麦当劳和肯德基都很懂得这个道理。麦当劳有名的“走动式管理”，既让管理人员下到基层体验第一线的工作，又能使员工的工作受到监督，可谓是一石二鸟之举。管理人员到各家店现场指导员工解决问题，不仅能使管理者更加深入地了解这些员工，对员工的工作起到监督的作用，而且当管理者向员工请教、咨询问题时，还会使员工有一种被重视和尊敬的感觉，这样更加能够促使员工积极热情地工作。而肯德基的监督方法更绝。虽然肯德基的国际公司设在美国，但它雇佣、培训了一批专门的监督人员，让他们佯装成顾客，不定时地秘密对全球的各个分店进行检查评分。这让肯德基的各个分店的经理和雇员无时无刻不感觉到一种压力，对工作一点也不敢怠慢。通过这种方式，不仅使肯德基对各个分店的情况随时有所了解，而且也大大地促使肯德基的员工们提高了工作效率。

很多时候，公司的管理者总是抱怨决策落实起来难，其实这往往是由于公司没有一个有效的监督体系。如果领导把任务布置下去，并能及时对这些任务进行检查，而且对任务的完成程度进行评估，实行相应的奖惩制度，那么决策落实难的问题基本上就不会出现了。可是就怕有些领导把决策一宣布就不管了，没有检查、没有奖惩，员工们也没有压力和动力，那么决策就只能是一句空话、一纸空文。所以，当公司的决策难以落实时，不要责怪员工的执行力差，而是要从自身找原因，想一想是不是自己的监督工作没有做到位。

人们往往认为给对方足够的自由和空间是对他的尊重，其实有效的监督也是对人的一种尊重，是对他人劳动付出的一种尊重。如果干好与干坏都一样，谁还会有干劲呢？有监督、有评比、有奖惩，人们才会有进步的动力。人们的付出都想得到别人的认可，有效的监督就是对他人工作的一种肯定，只有把你当作一个有能力完成本职工作的人，才会对你有所要求、才会对你进行监督，这本身就是一种尊重。

海尔集团之所以能够取得今日的成就，与其高效的监督管理机制密不可分。在海尔集团工作的任何员工都要接受3种监督：一是自我约束和监督；二是互相监督，即小组或团队内成员互相约束和监督；三是专门监督，即集团内专门负责监督的业绩考核部门的监督。而集团内的领导干部除了受以上5重监督外，还得经受5项指标考核。这5项指标分别是：自清管理，创新意识及发现、解决问题的能力，市场的美誉度，个人的财务控制能力，所负责企业的经营状况。这5项指标被赋予不同的权重，最后得出评价分数。每个月海尔集团都会对干部进行考核评比，对表现出色的干部进行奖励，对工作出现差错的干部进行批评，即使工作没有失误但也没有起色的干部也被归入受批评的行列之中。而那些在车间里工作的员工，更是每天都要接受考评。在海尔的生产车间里通常都会有一个“S”形的大脚印，这正是为表现不好的员工准备的。每天下班时，车间里的班组长就会对一天的工作进行总结，表现不好的员工就要当着大家的面站在那个“S”形的大脚印上反省。正是这种严格的监督机制，才使海尔上下干部员工对工作都有了很高的主动性和积极性，工作效率也大大提升，人人都不想成为落后的人，都争当先进。同时，海尔还建立了一套有效的激励机制，与监督机制相辅相成。其实，有效的监督也是一种激励，而相应的奖惩更能促进员工更好地工作。正是这种有效的监督，才使海尔不断地走向成功、走向世界。

全美第一大DIY（自己动手做）店Home Depot公司的管理者，也非常懂得有效监督的好处。该公司采用走动式管理的方法，领导者不定期到各店进行巡察，不仅对员工的工作进行监督和检查，而且还借机对相应的主管进行培训，以提高其管理能力。同时，该公司的创始人之一肯·蓝高，不仅提倡上级对下级的监督，而且还提倡下级对上级的监督。在一次巡察中，他就借机向员工和一部分主管宣传了这种思想，他希望这些员工和主管们可以学习向上管理的方式，在完成上级交代的任务后，记得问你们的上级一个问题："我已经按您交代的做了，现在请告诉我，此举对我为顾客提供最佳服务有何帮助？"这样，才能使上级将工作重心放到激励员工的真正使命上。而员工的真正使命就是：把店里的商品卖给进门的顾客，为顾客提供满意的服务。这种上对下、下对上的有效监督，形成了员工、主管、领导三方的良性互动，从而提高了整个团队的工作效率和效益。

有效的监督，不是对员工能力的不信任，而是对员工劳动付出的一种尊重；有效的监督，不是公司对员工的苛刻和压迫，而是对员工工作的一种肯定和激励；有效的监督，不是让领导时刻盯着自己的员工，又累又苦地活着，而是让企业自身建立起一套完善的监督体制和奖惩制度。总之，有效的监督是企业发展必不可少的管理手段。

奥格威法则：善用强人，成就伟业

一个好的领导者，要有专业的管理知识、要有良好的文化素养，但更要有广阔的胸襟和用人的智慧。敢于用比自己能力强的人，才能让自己的团队越来越强、事业越做越大。

西汉的开国皇帝刘邦，曾是个市井混混，正如他自己所言："运筹帷幄之中，决胜千里之外，吾不如子房。镇国家，抚百姓，给馈饷而不绝粮道，吾不如萧何。连百万之军，战必胜，攻必取，吾不如韩信。"但就是这样一个"不才之人"却打败西楚霸王项羽，统一了天下，开创了千秋霸业。他之所以能有如此成就，也如他所言："此三人者，皆人杰也，吾能用之，此吾所以取天下也"。刘邦的角色是个领导者，对他最大的要求就是善于用人，把各种人才放在他们适合的位置上，更重要的是要懂得欣赏人才、不妒才，敢于用比自己能力强的人。从这方面来说，刘邦是个很好的领导者，他之所以能得天下，也正是由于他能驾驭强人为其所用；而他的对手项羽，虽有万夫不当之勇、地动山摇之力，但终因心胸狭窄，容不得比自己强的人，而无颜见江东父老。

一个人能做一个好的领导、能干一番大的事业，不在于你自身的能力有多强，而在于你能否吸引和接受比自己强的人为自己工作。

在一次董事会上，奥格威在每位与会者的桌上都放了一个玩具娃娃，并让大家打开看看。董事们不明所以，纷纷带着疑惑打开了放在跟前的娃娃，结果发现里面是一个同类型的更小的娃娃。再打开一看，又是个同类型更小的娃娃，原来奥格威放在大家面前的是一个个套娃。当他们打开最后一层的时候，发现有一张纸条，上面写着这样一句话：你要是永远都只任用比自己水平差的人，那么我们的公司就会沦为侏儒；而你要是敢于起用比自己水平高的人，我们就会成长为巨人公司！原来，奥格威是在用这种方式来指导和教育自己的部下。前半句话与从大娃娃到中娃娃再到小娃娃的次序吻合，后半句话与从小娃娃到中娃娃再到大娃娃的次序吻合，这些聪明的董事一看就明白了。这件事给每位董事留下了很深的印象，在以后的岁月里，他们都尽力任用有专长的人才。

这是个很有教育意义的故事，也是个充满智慧的说教，同时亦是奥格威法则的由来。

所谓奥格威法则，其核心就是要知人善用。知人善用，有两层意思，一是要知道这个人的专长，然后把他放到合适的位置上让他发光放亮，尽显专长；另一层意思是知道某人的某些能力比自己强，敢于让他担当重任，信任他，不妒才。

也就是说，作为一个领导者，最要紧的不是各种专业技能，而是胸怀！要善于选择人、任用人，以补齐自己的短处，形成一个团体。即便是一个才智出众的人，也无法能胜任所有的工作，所以唯有知人善任的领导者才可完成超过自己能力的伟大事业。在当今这个知识经济时代，领导者更需要有敢于和善于使用比自己强的人的胆量和能力。只有这样，他的事业才会蒸蒸日上。

现在什么最贵？人才！在竞争如此激烈的时代，一个公司要想立足于世界经济之林，靠的是什么？就是人才。有了人才，什么都会有；没了人才，什么都没了。

美国的钢铁大王卡耐基曾经说过：“即使将我所有的工厂、设备、市场和资金全部夺去，但只要保留我的技术人员和组织人员，4 年之后，我将仍然是‘钢铁大王’。”这就说明了人才的重要性。卡耐基之所以能成为钢铁大王，与他的知人善任、重视人才是分不开的。他本人对于冶金技术一窍不通，但他总能找到精通冶金工业技术、擅长发明创造的人才为他服务。比如，世界知名的炼钢工程专家之一比利·琼斯，就终日在位于匹兹堡的卡耐基钢铁公司里埋头苦干。在卡耐基的墓碑上赫然地刻着：“一位知道选用比他本人能力更强的人来为他工作的人安息在这里。”对于这样的评价，卡耐基可谓是实至名归。

北京某著名品牌电脑厂商的老总也曾说过：“现在我们跟其他对手竞争，表面上看是比产品，实际上是在比同一岗位上人的素质。从渠道到销售、从高到低的各个环节，就看我们各个职位上的那个人是否能胜过对手厂商各个职位上的人。我这个老总把销售理念分析得再清楚、讲得再明白，如果不能落实到我们在各地的销售人员的行动上，那能起多少作用呢?”这位老总说出了很多领导者的无奈和清醒。他们知道，当今时代最重要的就是人才，企业、公司拼的也是人才。没有人才，拿什么和人家竞争?！什么事都是人做的，能力强的人往往能在最短的时间内很好地完成任务，而能力弱的人不仅要花更多的时间，而且说不定还完不成任务。所以，一个公司要想发展壮大，就必须雇佣尽可能多的人才。

人才是一种动力，是企业、公司不断向前发展的动力。动力的马力有多大，企业、公司就会跑多快。像“三国”中的刘备就深知其理，他桃园三结义得到关羽、张飞，以义理感动了赵云，三顾茅庐请出诸葛亮。他名下本无一寸土地，但是正因为有了这些将帅的辅助才终于雄霸一方。而当时财大气粗、兵多将广的袁绍却因为不识人才的重要性，而最终不仅丢光了领地，就连性命也输了去。这就是识才与不识才的区别。一个知人善任的领导，即使起初一无所有，只要他有了人才，就会很快创造出奇迹。

好的产品、好的硬件设施、雄厚的财力，自然是一个公司不可或缺的资源，但真正支撑这个公司的支柱还是人才。因为一个公司光有财、物并不能带来任何新的变化，只有具有大批的优秀人才才会有发展的潜力。因此，人才是一个公司最重要、最根本的资源。如果想要使公司充满生机与活力，就必须选贤任能，雇请一流人才，敢于用比自己能力强的人。一流的人才才能造就一流的公司，懂得这个道理的领导才会是个好领导。领导不一定什么都懂，但一定要懂得用人，有容得下人才的胸襟，这样他的事业才能做大做强。

第六章

职场处世法则

链状效应：离抱怨远一点

有些人心胸不够宽广，对一些事情总是放不开，喜欢怨天尤人。如果你总和这样的人在一起的话，那么久而久之自己也会变成一个爱抱怨的人。这就是链状效应。所以，如果你不想变成一个“唠叨鬼”、一个“抱怨精”的话，那么就离那些爱抱怨的人远一点吧。

在职场上，更是如此。如果有爱抱怨的同事，你千万要躲他远一些。因为你不能为他解决任何问题，听他抱怨除了自找麻烦外，只能让自己的心情变得很糟。而你本人也千万不要对自己的同事抱怨，特别是工作上的事情。如果你抱怨多了，除了自失尊严外，还会让同事对你避之唯恐不及。谁也不希望别人的消极情绪影响到自己的好心情，所以想抱怨的时候，就应选择微笑；当有同事向你抱怨的时候，就一笑而过。

身在职场，就应该懂得职场内部的一些规则。不要把自己糟糕的形象暴露在同事面前，这样只会让他们觉得你很无能。不要抱怨工作辛苦，不要抱怨自己多干了活儿，更不要抱怨老板苛刻。办公室就是用来办公的地方，不是用来让你诉苦的场所。心中的委屈，留着给密友说，或者干脆把它变成一种前进的动力，督促自己更加努力工作。化干戈为玉帛，化戾气为祥和。你也要化抱怨为动力，微笑面对自己的工作。

娄小明是公司刚从一家大企业挖来的人才。其到公司后，很受部门领导的器重。他学识渊博、才思敏捷，让同事们也很佩服。有一次，总公司有一个出国深造的机会，让有资格去的人每人写份申请并附带一份深造计划交到总部。娄小明的部门只有他与张小军符合资格，于是他俩就提交了申请和计划。可是每个部门只有一个出国深造的名额，两个人的实力都很强，资格也都够，领导就开会讨论让谁去比较合适。最后，讨论的结果是让张小军去。这让娄小明很不甘心，自己一点也不比张小军差，如果说有差别的话，就是张小军是老总的亲戚，而自己不是。于是，他一有机会就向同事抱怨事，抱怨公司的领导如何不公正、自己的遭遇如何令人气愤等等。他每次抱怨完都觉得心情很舒畅，而且认为同事们会和自己站在同一条战线上，替自己打抱不平。而结果却不像他想的那样。张小军比他来公司的时间长，为人也很平易近人，与其他同事的关系都搞得不错。娄小明越是抱怨，同事们就越觉得张小军比娄小明的气量大，比他能担当。娄小明的抱怨直接损害了自己的形象，却间接提升了张小军的人气。而且知道张小军是老总的亲戚后，同事们更是对张小军敬畏三分，不敢轻易得罪。于是，同事们对待娄小明的态度越来越冷淡，再没人觉得他是什么人才。娄小明自己也发现了这一变化，细想后才发现，这都是自己爱抱怨惹的祸，把自己原来的光环和神秘全都打破了，还给同事留下一个心胸狭窄的印象，而自己不能出国的事实一点也没有改变。

怨天尤人，一点益处也没有。对你的工作不会有任何帮助，还会让别人看低你。所以，潜伏办公室，就要把自己消极的情绪锁起来，永远呈现出积极阳光、精明能干的一面，这才会赢得别人的尊重、领导的器重，使工作顺利开层。

无论是老板还是同事，与你合作是希望你来解决问题的，而不是听你抱怨。做好工作是你的本职，抱怨只能让人讨厌。如果你不能认识到这一点，那么你就离“死期”不远了。

小王刚出来打工时，和公司其他的业务员一样拿着很低很低的底薪和很不稳定的提成，每天的工作都非常辛苦。当他拿着第一个月的工资回到家时，向父亲抱怨说：“公司老板太抠门了，给我们这么低的薪水。”慈祥的父亲并没有问具体薪水，而是问：“这个月你为公司创造了多少财富？你拿到的与你给公司创造的是不是相称呢？”

从此，小王再也没有抱怨过，既不抱怨别人，也不抱怨自己。他更多时候只是感觉自己这个月做出的成绩太少，对不起公司给的工资，进而更加勤奋地工作。两年后，他被提升为公司主管业务的副总经理，工资待遇提高了很多，而他时常考虑的仍然是“今年我为公司创造了多少”。

有一天，他手下的几个业务员向他抱怨：“这个月在外面风吹日晒，吃不好、睡不好，辛辛苦苦，大老板才给我们 1500 元！你能不能跟大老板建议给增加一些。”他问业务员：“我知道你们吃了不少苦，应该得到回报，可你们想过没有，你们这个月每人给公司只赚回 2000 元，而公司给了你们 1500 元，公司得到的并不比你们多。”

业务员都不再说话了。以后的几个月，他手下的业务员成了全公司业绩最优秀的业务员，他也被老总提拔为常务副总经理，这时他才 27 岁。在去人才市场招聘时，凡是抱怨以前的老板没有水平、给的待遇太低的人他一律不要。他说，持这种心态的人，不懂得反思自己，只会抱怨别人。

没有任何一家公司希望招进爱抱怨的员工，也没有任何一个人愿意同爱抱怨的人打交道。抱怨只能使人讨厌。即使别人看上去无动于衷，其实内心深处早已将抱怨的人列为不受欢迎的对象。

反馈效应：要学会与领导互动

心理学家 C·C·罗西与 LK·亨利曾经做过一个心理实验。他们随机在一所学校里抽出一个班，把这个班的学生分为三组，每天学习后就对他们进行测验。第一组学生每天都告诉他们测验的成绩，第二组学生每周告诉他们一次测验的成绩，第三组学生则从来不告诉他们测验的成绩。8 周后，其改变了做法。第一组的待遇与第三组的待遇对换，第二组待遇不变。这样过了 8 周以后，结果发现第二组的成绩保持常态，依然是稳步地前进，而第一组与第三组的情况则发生了极大转变：第一组的学习成绩逐步下降，第三组的成绩突然上升。这个结果说明及时告知学生的学习成果有助于促进学生取得更好的成绩。反馈比不反馈要好得多，而即时反馈又比远时反馈的效果更好。

心理学家赫洛克也做过一个类似的实验。他把被试者分成 4 个组，分别为激励组、受训组、被忽视组和控制组。第一组每次完成任务后，都会给予鼓励和表扬。第二组每次完成任务后，都要接受严厉的批评和训斥。第三组每次完成任务后，不给予任何评价，只让其静静地听其他两组受表扬和挨批评。第四组不仅每次完成任务后不给予任何评价，而且还把它与其他三组隔离开。实验结果发现，第一组和第二组的成绩明显优于第三组、第四组，而第四组的成绩是其中最差的，第二组的成绩有所波动。这个结果表明，及时对工作的结果进行评价，能强化工作动机、增强工作动力，对工作起到促进作用。有反馈就会有动力，激励的反馈又比批评的反馈效果好得多。

后来，心理学家布朗又做了一个更深入的实验。他以小学高年级学生作为自己的实验对象，把他们分成两组来做算术练习。这两组学生的演算能力均等，所做的练习题目也完全一样。第一组学生做完后，由老师来对他们的答案进行评定改正。而第二组学生做完后，他们的答案则由他们自己来加以改正，并把改正之后每天的正确数和错误数分列成表，以了解自己的进步情况。一个学期之后，两个小组同时接受测验。结果发现，后者的成绩要比前者优异很多。这个实验表明，由于反馈主体与反馈方式的不同，效果也会有所不同。主动自我反馈比被动接受反馈效果要好得多。

这一系列心理实验表明：反馈比不反馈好得多，积极的反馈比消极的反馈好得多，主动反馈比被动接受反馈效果好得多。所以，平时我们要对别人的行为、活动给予及时的反馈，这样不仅有助于他人更好地完成工作，也有助于自己获取更多的信息。同时，我们也要对自己的工作、学习进行及时的自我反馈，这样才能更好地进步，取得更好的成绩。

有反馈才有动力，有反馈才能发现问题，有反馈才能进步，有反馈才能加深了解。对于领导布置的任务，要及时地给予反馈，更要主动地进行反馈，这样领导才会及时地知道你的工作进度和工作能力，对你产生信任和给予支持。所以，平时要养成主动向领导汇报工作和领导互动的习惯。

领导“日理万机”，需要考虑的事情太多，百密难免会有一疏。如果员工能做到经常主动向上司汇报工作进度，这样既能提醒领导，又能获得及时的信息，促进自己更好更快地完成工作，也让领导省了不少心。会替领导想的员工才是领导眼中的好员工。定期主动向领导汇报工作进度，让领导看到你的努力和能力，使领导对你放心。有时候，工作方案制定得不太科学或有些问题，如果你定期主动向领导汇报工作进度，那么领导就会及时发现问题，以调整工作方案和你的工作内容，这样就避免了做无用功。总之，对于领导布置的任务，不能只是听从和等待领导来问，而要主动向领导汇报，向领导说出你需要的帮助和遇到的困难，向领导反映工作中出现的问题、提出更好的方案。

如果你总选择沉默，老板会很不安。交给你的任务，老板需要知道你的进度，这样才好给你安排其他工作，或者进行下一步的规划，给别人分配任务。公司里员工的分工都很明确，你的工作任务一般与其他人的工作都是环环相扣的，只有明确地知道你的进度，才不会影响公司的整体运作。不要总是等着老板来问你："××，某某工作做得怎么样、明天下午能不能完成?"这样老板心里会很不高兴，并认为你工作不积极、不是个能担当大任的员工。而如果反过来，你不等他来问，主动向他汇报你的工作进度和自己对工作的想法、看法以及意见，那他会很欣慰，认为自己招到了一个很能干很聪明的职员。主动性往往代表着积极性和努力程度，所以在工作中一定要表现得主动一些。主动一些不会吃亏，而过于被动才会使自己陷入更被动的局面。你有困难一直不说，自己扛着，到最后仍然完不成任务，自己累得够呛还给公司造成了损失，这个时候领导会把责任都归咎到你的沉默态度上，你再委屈也无处诉苦。所以，有什么事就及时与领导沟通，这样你的工作会进行得更顺利，与领导的关系也会更亲密，有问题也找不到你头上，何乐而不为呢?

丁小莫在毕业后找到了自己的第一份工作，决定要好好表现一下，绝不让领导失望。他的工作经验尚浅，对于很多任务还无法胜任。可他自己从来没有表现出有困难的样子，无论领导交给他什么样的工作，他都会咬着牙把它完成。可没想到，领导交给他的任务量越来越大，工作难度越来越高。他有点撑不住了，越来越不能让领导称心，领导对此很不满意，经常批评指责他。他心想：我一直任劳任怨，为什么还要刁难我？可他又想，自己是新来的，忍了吧。于是，又硬着头皮去处理如山的工作。终于，丁小莫生病了，高烧39℃，但他还是硬挺着到了公司，因为那天有个重要的会议由他负责。可头实在是太疼了，他一点也坚持不住了，就趴在桌子上睡着了。结果，他这一睡使公司失信于一个大客户，给公司造成了不可挽回的巨大损失。领导气坏了，直接找到他一顿指责，丁小莫再也受不住了，就把自己的委屈统统吼给了领导。领导听了不但不同情他，反而更加气愤地说："你为什么不早跟我说？我一直等着你来找我，谈你的工作情况，没想到你什么也不说，让我以为你有更大的潜力可挖，可以完成更高难度的工作。现在，你生病了，完全可以打个电话请假，我好安排其他人来接替你的工作，这样就不会发生今天的事情了！"

可见，硬撑不是英雄，如果你耽误了工作，谁也不会为你求情。所以，以后工作中有任何问题都要记得及时向领导汇报，有互动才能更好地完成工作。

拆屋效应：面对困难，勇于挑战

拆屋效应的由来，与鲁迅先生的一篇文章有关。1927 年，鲁迅先生作了篇名为《无声的中国》的文章，其中有段话写道："中国人的性情，总是喜欢调和、折中的，譬如你说，这屋子太暗，说在这里开一个天窗，大家一定是不允许的。但如果你主张拆掉屋顶，他们就会来调和，愿意开天窗了。"因此，这种为了使较小或较少的要求得以满足而先提出较大或较多要求的现象，在心理学上就被称之为"拆屋效应"。

其实不光中国人如此，这是人类的共性。人们在面临不希望发生的事时，会不自觉地启动两种心理机制，一种是设法采取一些措施避免事情的发生；另一种是调整内在的心理矛盾，准备接纳这一不可改变的事实。如果在心理调整进入平衡状态时出现了一个新的选择，而这个选择又正好与内在平衡状态相近时，就很容易被内化接纳。

在难题面前，人们往往会退而求其次。对于不能完成的任务，很少人会愿意去接受，而且很多困难容易在人的心理上被放大。人们在听到比较困难的问题或被人提出难以接受的要求时，一般都会先拒绝。但是如果别人降低了问题的难度或要求，人们就会犹豫。如果再次降低，人们一般就会答应了。一方面是不好意思再拒绝，另一方面是感觉该问题与要求自己也能解决或满足。

在工作中，人们也常常会有这种心理。当老板布置个难度比较大的任务时，一般大家都会打退堂鼓。“难度那么大，很难完成的，根本就是费力不讨好的苦差。”大多数员工都会这么想。而如果老板把工作的难度降低一些，就会有人接受了。但是，虽然现在的老板大多都听过这个效应、明白这个道理，而相比之下，他们还是会更加欣赏那些敢于接受难题、敢于挑战自我的员工。

何楠刚进公司不久，对工作时刻保持着极大的热情，而且还任劳任怨。她的工作态度得到了公司上下的肯定。这一年，欧洲总部的领导要来公司视察，于是公司高层决定重新装修办公室。何楠正好负责协助策划这个装修方案。由于以前在小公司里负责过装修事宜，所以她提出了一个又省钱又可行的方案，领导很满意。但是要真正实施起来，却不像纸上写的那么简单。要为公司省钱，就不得不节省各个员工的办公空间，这肯定会得罪不少人，而且要在不影响公司各项工作的前提下来完成装修任务，这简直是不可能的。即使完成了，也是费力不讨好。所以，同事们都用各种理由搪塞过去了。只有何楠，当经理问她愿不愿意接受这个任务时，她一口就答应了。别的同事都笑她傻，说她真是年少无知、天真烂漫。装修项目开始实施了，与各部门协调时的确碰到了很多麻烦，也听到了很多抱怨，但是最终何楠还是成功地完成了任务。本来经理布置这个任务的时候也没抱太大希望，没想到何楠竟如此漂亮地完成了，于是他立马对何楠刮目相看。没多久，就升了何楠的职。其他同事们再也不敢小瞧何楠了。总经理也开始关注这个有胆有识的新人，决定好好栽培以备后用。

只因为接受和完成了一个别人看起来不可能完成的任务，就使何楠的职场生活发生了如此大的变化。所以说，有些时候要敢于挑战困难。

当领导分配下来特别难以完成的任务时，他可能已经利用了“拆屋效应”，他的要求看起来很高，可心理期望值并不高，这样的任务其实才是责任风险很小的任务。你这时若于接受这个任务，已经让领导对你产生好感，认为你是有胆量的人。而如果你只知道一味退缩，那么领导和同事都会觉得你是个怯懦不敢担当的人。如果你接受了这个难以完成的任务，即使到最后真的没有完成，领导也不会太苛责你，因为他在下达任务时已经有了心理准备。而如果你有幸完成了，那么你肯定会获得领导的信任和器重。

在职场上，要想比别人职位高，要想比别人升得快，就得敢于挑战别人不敢碰的“烫手山芋”。狭路相逢勇者胜，这是亘古不变的真理。所以，当领导分配下来看似无法完成的任务时，你要敢于接受，但说话时也应注意分寸，不要说得过于肯定。要这样说：“这个工作对我来说有点难度，不过我会尽全力的。”这样即使你不能完成，领导也不好说什么。当任务执行的过程中，一旦发现以自己目前的能力实在是无法完成，就要及时与领导沟通，让领导知道你的情况，以便调整工作要求或更改执行方案。这样既不会影响工作进度，也不会给公司造成损失，而且也能锻炼自己的工作能力。

蘑菇定律：新人起步，切勿过早露锋芒

众所周知，蘑菇长在阴暗的角落，得不到阳光，也没有肥料，自生自灭，只有长到足够高的时候才开始被人关注。

这种经历，对于成长中的职场年轻人来说就像蛹，是化蝶前必须经历的一步。只有承受这些磨难，才能成为展翅的蝴蝶。初涉职场的新人，不仅要承受住“蘑菇”阶段的历练，还要注意不能过早地锋芒毕露。

有一位图书情报专业毕业的硕士研究生被分到上海的一家研究所，从事标准化文献的分类编目工作。

他认为自己是学这个专业的，比其他人懂得多，而且刚上班时领导也以“请提意见”的态度对他。于是工作伊始，他便提出了不少意见，上至单位领导的工作作风与方法，下至单位的工作程序、机制与发展规划，都一一列举了现存的问题与弊端，提出了周详的改进意见。对此领导表面点头称是，其他人也不反驳，可结果呢，不但现状没有一点儿改变，他反倒成了一个处处惹人嫌的主儿，还被单位掌握实权的某个领导视为狂妄、骄傲，一年多竟没有安排他做什么具体工作。

后来，一位同情他的老太太悄悄对他说：“小王啊，你还是换个单位吧，在这儿你把所有的人都得罪了，别想有什么出息。”

于是，这位研究生闭上了嘴。一段时间后，他发觉所有的人都在有意无意地为难他，连正常的工作都没有人支持他，他只好“炒领导的鱿鱼”，离开了。

临走时，领导拍着他的肩头：“太可惜了！我真不想让你走，我还准备培养你当我的接班人哩!”

那位研究生一边玩味着“太可惜”三个字，一边苦笑着离去。

在现实社会中，与这位研究生一样的年轻人并不少见。他们处世往往不留余地、锋芒毕露，有十分的才能与聪慧，就要表露出十二分。殊不知，职场有职场的游戏规则，你如果想在职场上有所作为，就要先适应这里的游戏规则，待实力壮大、羽翼丰满之后，再通过你的能力来制定新的游戏规则，否则，你一定会被碰得头破血流，留下“壮志未酬身先死”的怨叹。

小说《一地鸡毛》中描写道，主人公小林夫妇都是大学生，很有事业心，努力、奋发，有远大的理想。二人志向高得连单位的处长、局长，社会上的大小机关都不放在眼里，刚刚工作时就锋芒毕露。于是，两人初到单位，各方面关系都没处理好，而且因为一开始就留下了“伤疤”，后来的日子也经常是磕磕碰碰。说到底，夫妇俩都败给了自己的职场第一步。

中国有一个成语叫“大智若愚”，行走职场，必要的时候，你一定要学会做一个“愚人”以保全自己，这往往能让你以不变应万变。

自信心定律：点亮心中的自信明灯

在工作中，我们经常会遇到这样的情况：挫折袭来，有的人始终不能产生足够的自信心，从而一蹶不振；有的人却能在焦虑和绝望后迅速产生强大的自信心，从而拼劲十足地实现目标。

其实，产生这种差异并不完全是由先天因素决定的，往往是因为前者平时不注重自信心的树立；而后者却懂得经过长期的自我训练，增强自信心。

无论从事什么职业，自信都能给人以勇气，使你敢于战胜工作中的一切困难。在工作中，谁都愿意自己出类拔萃，这就要求我们必须挑战人生，要挑战就必须以充满自信为前提，如果我们连自信心都没有，还能做好什么事呢？

大家都知道毛遂自荐的故事，正因为毛遂有极强的自信心，所以才敢向平原君推荐自己，并最终出色地完成了任务。

美国思想家爱默生说："自信是煤，成功就是熊熊燃烧的烈火。"对于成功人士来说，自信心是必不可少的。据说，今日资本集团总裁徐新当初之所以选择投资网易，正是被网易创始人丁磊的自信所打动。

丁磊毕业于电子科技大学，毕业后被分配到宁波市电信局。这是一份稳定的工作，但丁磊无法接受那里的工作模式和评价标准，于是自信的他从电信局辞了职："这是我第一次开除自己。有没有勇气迈出这一步，将是人生成败的一个分水岭。"

因为自信，丁磊在两年内三次跳槽，最终在 1997 年决定自立门户。后来，丁磊和徐新在广州一家狭小的办公室里见了面。徐新主动询问了他一些问题："网易在行业内的情况怎么样？"

"我们会是第一。"丁磊毫不犹豫地回答。从客观上讲，1999 年初，网易刚向门户网站迈进，与新浪、搜狐相比还只是一个刚刚崭露头角的小网站。

徐新当然知道当时的网易不是门户网的第一，但觉得丁磊很有上进心，而不是吹牛——是有实质的自信。"我觉得企业家有没有这种精神是很重要的，你有理想和雄心去做行业排头兵，我投的就是你这个自信。"

通过丁磊的经历，我们可以肯定地说：充分的自信是创立事业、成就价值的重要素质。

既然自信心如此重要，那么，我们该怎样做才能树立起自信心呢？

首先，在平时的工作中要不断地学习并提升自己。阿基米德说过："给我一个支点和一根足够长的杠杆，我就能撬动整个地球。"有如此的自信，那是因为他深入掌握了科学的原理。关羽之所以敢独自一人去东吴赴会，是因为他深知自己的本领……正所谓"有了金刚钻，才敢揽瓷器活"。

其次，要有一定的耐心和毅力。有些事情不是一朝一夕就能做好的，需要我们持之以恒地努力。要用长远的目光看待目前遇到的困境，相信我们有能力去解决它。相信自己，最后的成功必定是我们的。

最后，不要总想着自己的缺点，要时刻告诉自己“我是最棒的”“我是优秀的”。每个人都有缺点，完美无缺的人是不存在的，对自身的缺点不要念念不忘。要知道，别人往往并不那么在意你的缺点。要相信自己，相信自己是最棒、最优秀的。

青蛙法则：生于忧患，死于安乐

19 世纪末，美国康奈尔大学进行了一个有趣的实验：他们将一只青蛙扔进一个沸腾的大锅里，青蛙一接触到沸水，便立即触电般地跳到锅外，死里逃生。实验者又把这只青蛙丢进一个装满凉水的大锅，任其自由游动，然后用小火慢慢加热。随着温度渐渐升高，青蛙并没有跳出锅去，而是被活活煮死了。

“蛙未死于沸水而灭顶于温水”的结局很是耐人寻味。若是锅中之蛙能时刻保持警觉，在水温刚热之时便迅速跃出，也为时不晚，就不至于落得被煮死的命运。这就让我们想起了孟子曾说过的一句话：“生于忧患，死于安乐。”

一个人如果丧失了忧患意识，那么，就会像被水煮的青蛙一样在麻木中“死亡”。所以，在从初涉职场到工作干练的渐变过程中，我们要保持清醒的头脑和敏锐的感知，对新变化做出快速的反应。不要贪图享受、安于现状，否则当你意识到环境已经使自己不得不有所行动的时候也许会发现，自己早已错过了行动的最佳时机，等待你的只是悲哀、遗憾和无法估量的损失。

漫漫职场路，我们都希望自己能一帆风顺，不希望遇到忧患与危机。但客观上讲，忧患与危机并不是什么可怕的魔鬼，当它们出现在我们面前时，往往能激发潜伏在我们生命深处的种种能力，并促使我们以非凡的意志做成平时不能做的大事。所以，与其在平庸中浑浑噩噩地生活，不如勇敢地承受外界的压力，过一种更有创造力的生活。

拿破仑在谈到他手下的一员大将马塞纳时曾说："平时，他的真面目是不会显现出来的，可当他在战场上看到遍地的伤兵和尸体时，那种潜伏在他体内的'狮性'就会在瞬间爆发，他打起仗来就会勇敢得像恶魔一样。"

再如拿破仑本人，如果年轻时没有经历过窘迫而绝望的生活，也就不可能造就他多谋刚毅的性格，他也就不会成为至今为人们所景仰的英雄人物。贫穷低微的出身、艰难困顿的生活、失望悲惨的境遇，不仅造就了拿破仑，还造就了历史上的许多伟人。例如，林肯若出生在一个富人家的庄园里，顺理成章地接受了大学教育，他也许永远不会成为美国总统，也永远不会成为历史上的伟人。正是因为有了那种与困境作斗争的经历，才使他们的潜能得以完全爆发，从而发现自己的真正力量。而那些生活在安逸舒适中的人，他们往往不需要付出太多的努力，也不需要个人奋斗就能达到目的，所以，潜伏在他们身上的能量就会被"遗忘""湮没"。

在当今世界上，有许多人都把自己的成功归功于某种障碍或缺陷带来的困境。如果没有障碍或缺陷的刺激，也许他们只能挖掘出自己20%的才能，而正因为有了这种强烈的刺激，他们另外80%的才能才得以发挥。

所以，身处今天快节奏、不断变幻的职场，我们要懂得居安思危。要知道，危机并不代表灭亡，而恰恰可能是一种契机。我们经由这些危机，往往会发现自己真正的价值之所在，激发出深藏于心的巨大能量，从而使人生更加精彩。

鸟笼效应：学会遵循公司的“规则”

心理学家詹姆斯有一天与好友卡尔森打赌说：“我敢保证，不久后你会养一只小鸟！”卡尔森一听，觉得很荒唐，就笑着说：“你在开玩笑吧？我从来就没有过这种想法。”

几天后，卡尔森过生日，朋友们都来为他庆祝。詹姆斯也来了，还带了一只精致的鸟笼作为生日礼物。

卡尔森接过鸟笼，想起几天前詹姆斯说的话，就会意地笑笑说：“好你个詹姆斯，你还真想让我养鸟啊？可惜，最后你肯定会失望的。不过，还是要谢谢你的鸟笼，我很喜欢它。”说完便将鸟笼挂到自己的书桌旁。

从此以后，来拜访卡尔森的客人都会问他同一个问题：“教授，您养的鸟死了吗？”而且每位客人与他谈话的时候都会提一些与鸟相关的话题，比如告诉他养鸟的知识，委婉地规劝他养鸟需要责任心和爱心，还有养鸟时的一些注意事项等。每当此时，卡尔森就一遍一遍地向客人解释——他从未养过鸟。不过客人们都不相信，反而认为他头脑有问题。

卡尔森百口莫辩，有苦难言。想扔了这鸟笼，又不舍得，它那么漂亮而且还是别人送的礼物；不扔这鸟笼吧，又惹出那么多恼人的猜测以及莫须有的事端。想来想去，万般无奈之下，他只好沿着詹姆斯的预测走，买了一只鸟儿放在笼子里，这总比整天解释和被人误解要好多了。

这就是著名的“鸟笼效应”，詹姆斯用他的心理学知识“涮”了好友一把。

其实，“鸟笼效应”在我们的生活、工作中会常常遇到。人们总是不自觉地在自己的心中先挂上一只“鸟笼”，再不由自主地往笼子里放“小鸟儿”。

人们大部分情况下很难亲眼看到事情的真相，所以很多事情都会靠着常规思路进行推理。你认为努力工作的人就应该天天加班，而更多的人却觉得工作量正常还每天加班那就是为了占用公司的资源。如果你给同事、老板留下这样的印象，那可就惨了。

刘季是从一家小公司转过来的。在小公司的时候，公司的老板每天都加班到很晚，所以作为老板得力助手的刘季自然也就养成了每天加班的习惯。到了新公司后，刚刚熟悉业务，为了能更好地胜任自己的工作，他依然坚持着每天加班到很晚的习惯。可是这家公司的风气与以前的小公司不同，这里的员工和老板没有加班的习惯。所以，同事们发现刘季每天都加班到很晚后感到很奇怪。每天的工作量也不大，上班时间完全可以完成，为什么他还要每天加班到很晚呢？同事们开始议论纷纷。“他是不是为了给自己家省点电，或者省点网费”“可能是为了晚上用公司的电话打私人电话”“也有可能是利用公司的资源干私活”……很快，老板也知道了这件事。他的第一直觉也是：这个人到底每天晚上加班到很晚是在搞什么“阴谋”？是不是为了占用公司的资源？通常情况下，在工作量正常的时候依然每天加班到很晚，很容易让人联想到这些，老板也不例外。刘季发觉了同事的议论后还不以为然，但当他知道老板也在怀疑他时，就再也不敢加班了。

不要给老板怀疑你的机会，不要给同事议论你的可能。要学会遵循所在公司的“规则”，这样你的职场生活才会一帆风顺。

鲁尼恩定律：工作中戒骄戒躁

有一天，孔子带着自己的学生去参观鲁桓公的宗庙。在宗庙里，他看到了一个形体倾斜可用来装水的器皿。就向守庙的人询问：“请告诉我，这是什么器皿?”守庙的人告诉他：“这是欹器，是放在座位右边，用来警戒自己，如‘座右铭’一般用来伴坐的器皿。”孔子一听，接着说：“我听说这种器皿在没有装水或装水少时就会歪倒；水装得适中，不多不少的时候就会是端正的；而水装得过多或装满了，它也会翻倒。”说完，扭头让学生们往里面倒水试试。学生们听后舀水来试，果然如孔子所说的。水装得适中时，它就是端正的；水装得过多或装满了，它就会翻倒；而等水流尽了，里面空了，它就倾斜了。这时候，孔子长长地叹了口气说道：“唉！世界上哪里会有太满而不倾覆翻倒的事物啊！”

我们的心也像这欹器，自我评价太低就会抬不起头做人，自我评价适中就会积极面对人生，自我评价过高就会四处碰壁。水满则溢，月满则亏。做人要有长远眼光，不能被一点小小的成就绊住了前进的脚步，而导致最后的失败。

张军和李静是大学同班同学，两个人一起应聘到一家公司。论实力，李静根本不是张军的对手。本来理工科就是男强女弱，张军在计算机方面又有超强的天赋，而李静恰巧又长了个“不开窍”的脑瓜，所以他们俩之间的差距就更大了。可是进入公司半年后，李静却意外地比张军先升了职。

其实，这也不奇怪，正如“龟兔赛跑”一样，实力强的不一定最后就会赢。张军自恃能力很高，在这样的公司根本不需要再学习和进修，他的聪明才智完全可以应付一切工作。不仅如此，他对待工作也是马马虎虎，觉得交给自己的工作有辱自己的智商。而李静则知道自己实力不行，所以工作后依然不断地继续学习深造，对于上级交下来的每一项任务都认真对待，还乐于向身边的人请教。所以，出现李静先升职的现象是必然的。如果张军再不反省，还是那样的工作态度，那么最后可能会遭遇辞退的命运。哪个公司都不需要这种眼高手低、骄傲自大的员工。

气怕盛，心怕满。这是因为气盛就会凌人、心满就会不求上进，真正成功的人都会极力做到虚怀若谷、谦恭自守。一个人在成功的时候还能保持清醒的头脑，不趾高气扬，那么他往往会取得更大的成功。

当迪普把议长之职让出来，以拥护林肯政府的时候，在一般人看来，由于他对党的贡献，不知该受到多么热烈的欢呼、称赞才好。但他却说：“傍晚我当选为纽约州州长，一小时之后又被推选为上议院议员。不到第二天早晨，好像美国大总统的位置便等不及让我的年纪足够后就落到我头上了。”他用这种调侃，善意地批评了别人对他的夸大赞扬。虽然迪普那时很年轻，但是头脑却很清醒，并不因为别人对他的那种夸张的称赞而自高自大。即使在那时，他还是能保持其真正伟大的特性——不因为别人的称赞而趾高气扬。

你能够承受得住突然的飞黄腾达么？要衡量一个人是否真正能有所成就，就要看他能否有这种承受能力。福特说：“那些自以为做了很多事的人，便不会再有什么奋斗的决心。有许多人之所以失败，不是因为他的能力不够，而是因为他觉得自己已经非常成功了。”他们努力过、奋斗过，战胜过不知多少变艰难困苦，凭着自己的意志和努力，使许多看起来不可能的事情都变成了现实。然而，他们取得了一点小小的成功便经受不住考验了。他们懒惰起来，放松了对自己的要求，慢慢地下滑，最后跌倒了。在历史上，被荣誉和奖赏冲昏了头脑而从此懈怠懒散下去，终究一无所成的人，真不知有多少……

如果你的计划很远大，很难一下子达到，那么，在别人称赞你的时候，你就把现在的成功与你那远大的计划比较一下，相比将来的宏伟蓝图，你现在的成功还只是万里长征的第一步，根本不值得去夸耀。这样一想，你就不会对眼前的一点小成就沾沾自喜了。

洛克菲勒在谈到他早年从事煤油业时的经历曾这样说道：“在我的事业渐渐有些起色、每晚把头放在枕头上睡觉时，总是这样对自己说：‘现在你有了一点点成就，你一定不要因此而自高自大。否则，你就会站不住，就会跌倒的。因为你有了一点开始，便俨然以为是一个大商人了。你要当心，要坚持着前进，否则你便会神志不清了。’我觉得对自己作这样亲切的谈话，对于我的一生都有很大影响。我恐怕自己受不住成功的冲击，便训练我不要为一些蠢思想所蛊惑，觉得自己有多么了不起。”

当我们开始成功的时候，能够在成功面前保持平常心态，能够不因此而自大起来，这实在是我们的幸运。对于每次的成功，我们只能视其为一种新努力的开始。我们要在将来的光荣中生活，而不要在过去的冠冕上生活，否则终有一天会为此付出代价的。

第七章

婚姻家庭法则

虚入效应：懂得付出，爱才会有回报

爱一个人就要懂得付出，这种付出不是指天天黏着你爱的人，而是时时关心、默默对他（她）好，而不给他（她）的生活造成困扰。当他（她）遇到困难、出现危难时，立即挺身而出，为他（她）解决一切麻烦。保护他（她）、爱护他（她），而不求任何回报，这就是真爱。越是甘心付出、不求回报的人，往往越能得到上天的垂爱。

园是一个光芒四射的女孩，她活泼可爱、面容姣好，举止大方、能歌善舞，身边总是围着一群男生，争着向她献殷勤，而磊却总是默默地躲在一边看着园。如果园不小心滑了一跤，在其他男生还没反应过来的时候，磊已经一个箭步冲到园的跟前扶住了她，然后又什么也不说地走了。园第二天要参加歌唱比赛，前一天她的桌柜里肯定会出现一盒金嗓子。园想报考 GRE，磊就把自己考试的心得悄悄放到在园的桌柜里。在一次舞蹈比赛中，园正忘情地跳着，却不小心踩到了一颗本不应该出现在舞台上的玻璃珠，脚下一滑，重重地摔到了台上。接下来的事，她就不知道了。是磊，飞快地奔到台上，抱起园就往附近的医院跑。到了医院，医生及时地把园送到急诊室进行治疗，而磊也因为过度疲劳而晕倒了。幸运的是，园只是扭伤了脚，没有出现脑震荡后遗症。磊醒后，就一直陪在园的病床边。园睁开眼，第一个看到的就是磊，什么都明白了，泪顺着她的脸颊流下来。他们走到了一起。

其实，爱情无需太多计谋，只要你愿意为你爱的人全心付出，那么她最终会投进你的怀抱，即使两人没有走到一起你也不会有遗憾。在这个快餐式的社会里，一切都喜欢快节奏，像磊这样只知道付出而不讲回报的人越来越少了。人们都害怕受伤害，喜欢计较得失，男男女女都在打着自己的小算盘，“算计”着自己的伴侣。何必呢？这样双方都会受伤。

乘虚而入是个很好的爱情计谋，只有你关注这个人了。你才懂得什么时候是“虚”。其实乘虚而入也可说是“乘需而入”，只要你全心付出、时刻关注，总会有让你“乘虚而入”的机会的。虽有良好计谋，依然鼓励全心付出去赢得真爱。

但是作为女孩，也要懂得保护自己，不要让坏人乘虚而人入一失足成千古恨。人在遇到感情危机时，别人的点滴关爱都有可能让你把他当作终生依靠加以寄托。在电影《无人驾驶》中，无论是林心如扮演的王丹，还是陈建斌扮演的王遥，都把自己的未来交给了在他们感情最脆弱的时候向他们伸出关爱之手的人，结果他们都被骗了。显然，坏人更懂得运用“乘虚而入”的计谋。所以，在你最失意的时候，要记得找你最亲最近的人，而不要随便相信陌生人，要知道缘分会“乘虚而入”，而病毒更容易“乘虚而入”。

相信真爱，努力付出，抛弃计谋，坦诚相待，才会真的快乐。

互补定律：让“不合”变“和谐”

走在大街上，我们常会看到这样的景象：亭亭玉立的美女，总是挽着一个长相普通的男人；潇洒有型的帅哥，往往搂着一个其貌不扬的女人。为何会有这样奇怪而又普遍的组合？是美的那方喜欢被丑的那方衬托的感觉，还是丑的那方喜欢做陪衬的感觉，或者是他们因为自己的另一半是个美人或帅哥而感到自豪、更加珍惜？其实，这就是心理学上互补定律的表现。

除了以上现象外，生活中还有很多基于互补关系缔结的婚姻。比如，一个支配型的男人娶了一个依赖型的女人做妻子，一个泼辣型的女人嫁给一个沉默型男人等等。

其实，在爱情上，双方因差异而互补、因互补而结合并不足为奇。因为，男女本身就是互补的。男人阳刚，可以给女人安全感；女人阴柔，能激起男人的保护欲。曾有一项针对 25 对结婚多年的夫妻进行的追踪调查研究表明：夫妻间需求的相互补充是婚姻关系得以维持长久的基础。

也许你会问，这不是和前面讲的相似定律相矛盾了吗？事实上，它们并不矛盾，因为差异并不一定都能形成互补，互补性的前提是，交往双方都得到满足。否则，双方相反的特性不但不能够产生互补，甚至还可能产生厌恶和排斥。例如，高雅和庸俗、庄重和轻浮、真诚和虚伪等等，这些就只能造成“道不同不相为谋”的局面。

马婷是个温文尔雅的女人，丈夫是个幽默开朗的男人。两人经人介绍认识后，相处了一年多，觉得彼此正好可以弥补对方性格上的空白，所以开心地步入了婚姻殿堂。

在激情燃烧过后，一些以前恋爱的时候不以为然的小问题出现了，并且成为他们之间的分歧。丈夫喜欢热闹，爱运动；马婷喜欢安静，爱写作。他们之间似乎少了一份共同的爱好，而且越来越觉得在一起时不知道该说些什么、做些什么。

这不由得让马婷经常难过，感到婚姻的失败，丈夫也觉察了她的不满。于是，他们决定坐下来好好沟通一下。最终，他们达成一致，要好好地过下去，因为彼此都深爱着对方。

他们开始尊重彼此的爱好。尽管刚开始因彼此的爱好和涉足领域的不同，感觉没有什么话题，两人在一起除了吃饭之外就是看电视，感觉很冷清。但渐渐地，他们开始一起散步，边走边聊各自感兴趣的东西和事情。

久而久之，马婷发现，自己以前十分讨厌体育运动，但现在丈夫常给她讲一些体育明星的趣事，也会让她捧腹不已；而丈夫不时听听马婷讲述自己新的创意和构思，也常常被那些情节所吸引。

就这样，他们觉得彼此的生活越来越丰富了，彼此既能满足和享受自己的那份爱好，又能感知了解对方的另一片天地。

在现实生活中，像马婷与丈夫这样既独立又互补的婚姻较为常见，正如人们常说的：“该相似的地方相似，该互补的地方互补。”

通常，互补可分为两种情况。一种是：交往中的一方能满足另一方的某种需要，或者弥补某种短处，那么前者就会对后者产生吸引力。比如，依赖性特别强的人愿意和独立的人在一起生活等。另一种是：因为别人的某一特点满足了你的理想，而增加了你对他的喜欢程度。比如，一个看重学历的人，自己又没有拿高学历的机会，所以往往希望对方能拿到高学历等。

因为我们每个人都与生俱来地具有一些缺点，所以为了弥补自己的不足，我们在寻求生活伴侣的时候往往注意寻找能弥补自己缺点的人，从而实现所谓“强强联合”。

如今，不少人把分手和离婚的理由归结为“性格不合”。其实，就像马婷夫妻一样，所谓的“性格不合”的分道扬镳完全可以巧妙地转化为配合默契的“互补式爱情（婚姻）”。

当所谓的“不合”出现后，双方经过沟通和努力，发现了对方身上更多吸引自己的地方，并自愿地改变和提升自身某些习惯及行为，最终双方就可以因“互补”而感到爱情或婚姻的幸福，达到和谐。

在现实世界里，爱情和婚姻出现双方某些方面的不合肯定是在所难免的。因为每个人的性格特征、爱好兴趣等都不尽相同，都有各自的独立性。那么，我们该如何将彼此间不和谐的因素变成互补的关系呢？

第一，也是最重要的一点，我们要对自己的性格和对方的性格都有正确的认识，并能够尊重彼此的性格。性格是人对事物所表现的经常的、比较稳定的理智和情绪倾向，并无优劣之分。不同于品德，不同的性格各有其长处和短处。例如，外向的人开朗，但做起事来很容易急躁；内向的人沉稳，但做起事来往往没有魄力。

第二，在相处的日子里，彼此要懂得扬长避短，异质互补。夫妻也好，情侣也好，双方之间的经历、兴趣和脾气不同，即所谓的“异质”，这些是可以互补的。但是，人的性格就很难改变了，正所谓“江山易改，本性难移”，所以双方应该注意逐渐改善自己的不足之处，而不是千方百计地去改造对方。要学着互相尊重、互相帮助，这样双方才会和谐、美满，实现“优势互补”。

第三，平时双方一定要多沟通、多交流。当你们之间出现争吵或分歧时，不要一味去想对方的不足，用各种言语去喋喋不休地指责对方，要看看自己是否也想到了对方的需求。像马婷夫妇那样，把各自的诉求摆出来，使彼此之间更加了解、更加和谐。

很多人认为，谈恋爱时，彼此的优点是对方非常欣赏的，彼此的缺点是对方可以包容的；结婚久了，彼此的优点是对方不屑一顾的，彼此的缺点是对方无法包容的。其实，说到底，都是我们自己看待对方的角度变了、心态变了，所以“互补”变成了“差异”“分歧”，爱情变成了痛苦地忍受。所以，我们要理智地控制自己的思想，多想想当初对方令你倾慕的优点，多回味这么多年对方为你付出的点点滴滴，唤醒自己那颗被爱充溢了许久而麻木的心，这样才能开心地“执子之手，与子偕老”。

此外，中国还有句话叫作“距离产生美”。在审美过程中，只有当主体和对象之间保持一种恰如其分的心理距离时，对象对于主体才是美的。那么，我们又何必强行去改造对方，让对方与自己一致呢？给彼此留一点属于自己的空间和特色，让大家都变得美丽起来吧。

布里丹毛驴效应：真爱就不要优柔寡断

法国哲学家布里丹养了一头小毛驴，每天都会向附近的农民买一堆草料来喂。一天，送草料的农民出于对布里丹的景仰，额外多送了一堆草料放在旁边。结果，毛驴站在两堆数量、质量和与它的距离完全相等的干草之间，左看看、右瞅瞅，始终都无法决定究竟选择哪一堆好。就这样，这头可怜的毛驴犹犹豫豫、来来回回，最终在无所适从中被活活饿死了。后来，人们把这种效应称为布里丹毛驴效应。

其实，“优柔寡断”不只是布里丹养的那头小毛驴犯的错误，在人类当中也常常出现。我们总是认为优柔寡断是女人最大的通病，尤其是当她们身处爱情的迷城的时候。然而，现实生活中，在抉择伴侣的时候，不光是女人，男人也一样，总是东想西想、不知所措，害怕一时做错决定选错了人，造成自己终生遗憾。

小王今年33岁，外表文质彬彬、事业小成，有房有车。在这个同龄人基本上都已结婚的阶段，心急的父母催他一次又一次相亲，他自己也很听话，一个半月内结识了5个女人。

本以为选择的范围越大，对自己越有利，谁料，在这5个女人当中有两个女人令小王始终摇摆不定。一个叫小丽，27岁，身高1.68米，是个不折不扣的大美女，工作、家庭以及其他方面都不错，就是脾气性格有点火爆。一个叫晓梦，25 岁，小鸟依人型，家庭背景很好，父母都是高干，外表清纯可爱，但非常娇气。

因为两人各有优势，也各有缺点，而且他对两个人都有几分爱意，实在不知道该如何选择。这种徘徊和犹豫拖拖拉拉地持续了一年，小王与两个女人也朦朦胧胧地交往了一年，但始终不敢肯定自己该与谁厮守一生。

结果，前不久，小丽告诉小王："我们只适合做普通朋友，因为你的优柔寡断根本就不适合我。"无独有偶，没过几天，晓梦也给了小王一个明确的交代："在感情上，我更喜欢勇敢的男人，我们还是做好朋友吧。"

小王的优柔寡断，使他对小丽、晓梦两个女人的爱意最终都未能升级到一生一世的厮守之情。

诺贝尔文学奖得主萧伯纳曾说过："此时此刻在地球上，约有 2 万个人适合当你的人生伴侣，就看你先遇到哪一个。如果在第二个理想伴侣出现之前，你已经跟前一个人发展出相知相惜、互相信赖的深层关系，那后者就会变成你的好朋友。但是若你跟前一个人没有培养出深层关系，感情就容易动摇、变心，直到你与这些理想伴侣候选人的其中一位拥有稳固的深情，才是幸福的开始、漂泊的结束。"

也就是说，爱上一个人或许不需要靠努力，只要彼此有"缘分"、有感觉，就可以产生爱意；但是，想"持续地爱一个人"，就要靠长期的"努力"了。

我们许多人总是为"缘分"而迷惑、苦恼，却忘记了想拥有天长地久的爱情首先得在茫茫人海中选择一个愿意与自己天长地久的伴侣。因此，不要去追问到底谁才是你的 Mr. Right、谁才是你的真命公主，而是要问在眼前可选的范围内你会选择哪一个、该选择哪一个。在爱情上，若没有做出选择的勇气和能力，那么就算 Mr. Right 或真命公主出现在你身边，幸福依然会与你擦肩而过。总是活在优柔寡断之中，迟迟不肯做出选择，爱连开始的机会都没有，怎么可能天长地久呢?

事实上，人们往往不易察觉感情中的一个陷阱，就是“越挑眼越花”，新鲜的“缘分”虽然表面上看起来是那么动人可爱，但长此以往，留给自己的除了回忆还是回忆、除了遗憾还是遗憾。千万不要因为贪图频繁的“缘分”而迷失自己，一次次地错放幸福温暖的手。

那么，如果此刻你还没有确定与自己厮守一生的伴侣，就不要再优柔寡断了，敞开你的心扉，拿出你的勇气，做出你的选择吧!

电视连续剧《倚天屠龙记》想必大家都非常熟悉了，尤其是主人公张无忌在数个爱着自己的女人间犹豫徘徊，似乎希望能选择所有女人的情节更是让人记忆深刻。

不过，当谢逊在山顶问张无忌最在意谁之后，张无忌思量许久得到了答案:“弱水三千，只取一瓢饮。”那时，他才真正清楚地发现，自己心里最在乎、最不能失去的是赵敏。

如果不是谢逊的那一问，如果没有出现刑场上的那一次无能为力，张无忌可能会糊里糊涂地徘徊一辈子，继续伤害那两个为爱痴狂的无辜女子。

在感情上，人难免会有些自私。正如周芷若某晚在少林寺质问张无忌到底最爱谁时，说出了一个大多数男人都会幻想的答案：如果小昭、蛛儿、周芷若和赵敏 4 个女人都在，那该多好啊!

然而，现实中，爱情往往就是一道单选题，你不能拥有所有曾让你动心的人，必须要做一种割舍、做一种比较，留下最不能失去的那一个，其余的就只好割舍，当作生命中的一次偶遇、一次美好的邂逅。

这就是爱情中的布里丹毛驴效应。如果不止一个人出现在你的爱情世界，你妄图把他们统统选择，那么，这种贪婪注定你哪一个都不会得到，反而只会令自己伤神费力，筋疲力尽。

所以，在最后的关头，在义父谢逊的刻意提点下，张无忌总算明白了“弱水三千，只取一瓢饮”的爱情真谛，没有再糊涂下去，选择了一个希望厮守一生的爱人。

如今，有些人认为，这个世界在变，爱情也在变。在我们身边，总会出现爱我们的人和我们爱的人，但这两种人却往往并不重合。当我们可以自由地追逐爱情、选择情人时，爱情也就变得越来越不稳定了。

一生只爱一个人不过是人们天真信仰的爱情神话。可是，扪心自问，如果我们始终徘徊于那“三千弱水”，总希望把所有的感情选择都据为己有，鱼和熊掌要兼得，现实吗？无论是你爱的，还是爱你的，有哪个人会愿意与别人分享自己一生的幸福？

从某种程度上讲，婚姻作为一种社会形态，将我们的爱情以家庭的形式固定下来，是人们内心对激情、对真爱渴望的一种体现。即使我们不能保证自己一生只爱一个人，但当诸多选择出现时，我们一次只能爱一个人，选择一个人步入婚姻的殿堂。

同时，无论是从道德角度还是从良知角度讲，我们在爱着一个人的时候就要对这份爱负责。

这就如同《红楼梦》第九十一回中黛玉与宝玉那段非常经典的爱情对白。黛玉问：“宝姐姐和你好你怎么样？宝姐姐不和你好你怎么样？宝姐姐前儿和你好，如今不和你好你怎么样？今儿和你好，后来不和你好你怎么样？你和她好她偏不和你好你怎么样？你不和她好她偏要和你好你怎么样？”宝玉呆了半晌，忽然大笑道：“任凭弱水三千，我只取一瓢饮……”

期望定律：给孩子传递积极的期望

身为父母，当孩子考试成绩不佳时，你是否气愤地责骂过他“笨蛋”“傻瓜”？当孩子不听话淘气时，你是否生气地训斥过他“没出息”“没素质”？当孩子没有达到你为他制定的目标时，你是否很失望地唠叨过“你什么时候能给我们争口气呢”？如果这些你都做过，那你可要检讨了。其实，每个孩子都可能是天才，关键在于你对他寄予何等的期望。

谈到期望这个话题，我们不得不先从王子皮格马利翁说开去。

古希腊有一位年轻的王子，叫皮格马利翁，他很喜欢雕塑。有一次，他用一块洁白无瑕的象牙雕刻了一个美丽的少女。王子对雕塑爱不释手，每天都以怜爱的目光深切地注视着象牙美女，甚至茶不思饭不想，坐在“她”面前，呼唤着“她”，梦想着她能够成为真正的少女。最后，王子的诚心感动了天神，天神让这位象牙少女拥有了真正的生命，和王子生活在一起。

这里讲的仅仅是个神话，但却说明了一个现象：我们的热切期望，会使被我们期望的人达到我们的要求。美国著名心理学家罗森塔尔和雅各布森称这一现象为“皮格马利翁效应”，并在教学实践中进行了验证。

1968年的某一天，美国著名心理学家罗森塔尔和雅各布森来到一所小学，说是要进行一个试验。他们从1～6年级中各选3个班，在这18个班的学生中进行了一次煞有介事的“未来发展趋势测验”。测验结束之后，他们给每个班级的教师发了一份学生名单，并且告诉教师，根据测验的结果，名单上列出的学生是班上最优秀、最有发展前途的学生。出乎很多教师的意料，名单中的孩子有些确实很优秀，但有些孩子其实表现平平甚至水平较差。对此，罗森塔尔解释说：“请注意，我讲的是他们的发展，而非现在的情况。”鉴于罗森塔尔是这方面的专家，教师们从内心接受了这份名单。尔后，罗森塔尔又反复叮嘱教师不要把名单外传，只准教师自己知道，声称不这样的话就会影响试验结果的可靠性。8个月后，罗森塔尔和雅各布森又来到这所学校，并对18个班的学生进行了复试，奇迹出现了：他们提供的名单上的学生的成绩都有了显著进步，而且情感、性格更为开朗，求知欲望强，敢于发表意见，与教师关系融洽，而且更乐于与别人打交道。

这就是罗森塔尔和雅各布森进行的一次期望心理试验，其实他们提供的名单是随意挑选的，罗森塔尔根本就不了解那些学生，而且也没有考虑学生的知识水平和智力水平，他撒了一个“权威性的谎”。

不过，这个谎言却成真了，为什么呢？这是因为罗森塔尔是著名的心理学家，在人们的心目中有很高的权威，人们对他的话深信不疑。因此，教师们认为名单上的学生很有发展潜能，因而对他们寄予了更大的期望。虽然教师们始终保守着这份名单的秘密，但在上课时，他们还是忍不住给予这些学生充分的关注，通过眼神、笑容、音调等各种途径向他们传达“你很优秀”的信息。这些学生也感受到了这种期望，他们潜移默化地受到影响，变得更加自信、自爱、自尊、自强，变得更加幸福、快乐，奋发向上的激流在他们的血管中奔涌，结果真的取得了很好的成绩，成为优秀的学生。

可见，期望是人类的一种普遍的心理现象，在教育过程中，“期望定律”常常可以发挥强大而神奇的威力。

通过罗森塔尔的实验，我们明白了，期望在孩子的成长过程中起着巨大的作用。中国有句俗话：“说你行，你就行；说你不行，你就不行。”要想使孩子发展得更好，就应该给他传递积极的期望。

相信很多家长都希望自己的孩子能像爱迪生那样聪明。可是，要知道，爱迪生之所以能成才，很大程度上也是靠家长的鼓励。

爱迪生小时候仅仅上了3个月小学就被开除了，因为学校认为他“智力低下”。但爱迪生的母亲对自己的孩子很有信心，她对爱迪生说：“你比别人聪明，这一点我是坚信不疑的，所以你要坚持好好读书。”

爱迪生得到了母亲的鼓励，在母亲的教导下，学到了比一般孩子在学校里多得多的知识，经过不懈努力，终于成为伟大的发明家。

因此，可以毫不夸张地说，我们今天所享受的电灯、电影、录音机等都受惠于爱迪生的发明，归根结底要归功于爱迪生母亲的期望效应。

正如积极的期望可以很好地激励孩子一样，消极的期望也可以重重地打击孩子。有人曾对少年儿童犯罪做过专门的研究，结果发现，许多孩子成为少年犯的原因之一就在于不良期望的影响。许多孩子因为在小时候偶尔犯过错误而被贴上了“不良少年”的标签，这种消极的期望引导着孩子们，使他们越来越相信自己就是“不良少年”，最终走向犯罪的深渊。由此可见，在教师和家长对孩子的教育中，消极的心理期望对孩子的成长影响有多么大。

有些家长因孩子的学习状况不尽如人意，费了一番功夫不见效果，就对孩子的学习产生了失望情绪，随之而来的是训斥、埋怨甚至讽刺、打骂。家长由于不能满足期望而对孩子施以心灵或身体上的虐待是很不理智的，非但改变不了孩子的现状，弄不好还会产生更消极的影响。所以，正确的做法应该是，不论孩子的学习出现什么样的挫折，家长永远要对孩子说：“只要你认为自己确实尽力了，我们就接受任何结果。”同时，家长还要对孩子说：“我们相信，你能行，你还有潜力，还能取得更好的成绩！”

人民教育家陶行知曾提醒教师：“在你的教鞭下有瓦特，在你的冷眼里有牛顿，在你的讥笑中有爱迪生。”所以，在家庭教育过程中，身为父母，我们不妨让孩子经常从父母的教育态度中感受到家长的心理预期，得到父母的尊重，他们就会保持一种积极向上的力量；反之，如果我们过低地估计了孩子的能力，放弃对他们的期望，断定孩子这也不行、那也不好，将来不会有出息，那可就真要耽误孩子的终生了。换言之，只有你期望孩子成为一个什么样的人，孩子才可能成为一个什么样的人。

蔡加尼克效应：让孩子对知识如饥似渴

1927年，心理学家蔡加尼克做了一系列有关记忆的实验。

他给参加实验的每个人布置了15～22个难易程度不同的任务，比如写一首自己喜欢的诗词、将一些不同颜色和形状的珠子按一定模式用线串起来，完成拼板、演算数学题等等。完成这些任务所需的时间是大致相等的，其中一半的任务能顺利完成，而另一半任务在进行的中途会被打断，要求被试停下来去做其他的事情。在实验结束的时候，要求他们每个人回忆所做过的事情。结果十分有趣，在被回忆起来的任务中，有68%是被中止而未完成的任务，而已完成的任务则只占32%。这种对未完成工作的记忆优于对已完成工作的记忆的现象，被称为“蔡加尼克效应”。

之所以会出现这样的现象，是由于我们在做一件事情的时候，会在心中产生一个张力系统，这个系统往往使我们处于紧张的心理状态之中。当工作没有完成就被中断的时候，这种紧张状态仍然会维持一段时间，使得这个未完成的任务一直压在心头；而一旦这个任务完成了，那么这种紧张的状态就会得到松弛，原来做了的事情就容易被忘记。

蔡加尼克效应说明，当心理任务被迫中断时，人们就会对未完成的任务念念不忘，从而产生较高的渴求度，这就是人们常说的：越是得不到的东西，越觉得宝贵；而轻易就能得到的，就会弃之如敝屣。

对于一个人，尤其是孩子，不能让他的愿望过早地得到满足，得到了可能就不会再珍惜了。所以，在教育孩子的过程中，不能一股脑儿地将知识灌输给孩子，而应该分阶段地给孩子讲解，让他们有意犹未尽的感觉。其实这也符合人们的记忆规律，人的大脑总是会记住一些需要加工的内容，将之放在工作记忆中，就像是电脑的内存一样，而对于已经完成或将要完成的内容大脑则会有意地去遗忘。

“玉不琢，不成器；人不学，不知道。”孩子是一张白纸，需要家长用知识的画笔去描绘。但是，在教授知识的过程中必须讲究方式方法，否则会让孩子对知识产生厌烦心理，失去学习兴趣。在教导孩子的过程中，有些家长喜欢连续不断地讲授知识，虽然这种精神让人敬佩，这种心情也可以理解，但其效果却常令人不敢恭维：讲到哪里，孩子就忘到哪里。

为什么会产生这种吃力不讨好的现象呢？主要是因为家长忽视了孩子的心理发展水平。此外，还有另外一个微妙的因素，那就是许多家长不知道“蔡加尼克效应”的作用。家长如果谙熟这种效应的特性，就不会滔滔不绝地讲个不停，使孩子产生厌烦情绪。因此，我们可以把这种微妙的心理机制应用到教育孩子上来，让孩子开心地学习。

按照蔡加尼克效应，家长在教育孩子的过程中，无论是教授知识还是讲述做人的道理，在讲到关键处时不妨稍作停顿或者让孩子谈一下看法，这样孩子就会对知识或道理产生浓厚的兴趣，从而对这个关键点产生深刻的记忆。事实上，突出关键点的方法有很多，可以重复强化、可以详细阐述等，而最有效的方法就是戛然而止不再讲解，这会使孩子的求知欲受到阻碍，反而可以让其产生迫不及待的求知心理。他的求知欲已经被激发，这时候的教育效果就会比较理想了。

为什么这种半途而止的讲解要比滔滔不绝地讲解更利于教育孩子呢？原因在于后者所引起的张力系统业已松弛，而前者所引起的张力系统仍在继续。可见，蔡加尼克效应在教育孩子时有着重要意义，家长应积极加以开发与应用。同样，教师在讲课时若能够运用蔡加尼克效应，也会提高讲课效率。

所以，蔡加尼克效应提醒家长应该注重挫折教育，必要的时候给孩子一点打击，对孩子的成长有百利而无一害。

我们应怎样教育孩子做事不半途而废呢？以下几点家长们应注意：

（1）注意孩子意志力的培养。对于意志力差的孩子，应注意激励培养他，使其具有要把一件事做完的想法。

（2）做好表率。我们首先要做事完完整整、不半途而废，并注意让孩子模仿，同时经常提醒孩子注意父母做事是怎样坚持到底的。

（3）在关键时刻给予孩子指导和提示。这不是代替而是帮助孩子想办法，以防孩子碰到解决不了的问题时灰心丧气。可采用鼓励与批评相结合的方法．并监督孩子独立地做完某件事。这样长期坚持下去，孩子的能力提高了、习惯养成了，做事也不会再半途而废了。

詹森效应：自我调节，消融紧张

詹森是一名运动员，他平时训练有素、实力雄厚，每次测试成绩都很好，但是他一到赛场上就连连失利，根本发挥不出平时的水平。心理学家把这种平时表现良好，但由于缺乏应有的心理素质而导致竞技场上失败的现象称为詹森效应。詹森效应是人的一种浅层的心理疾病，就是将现有的困境无限放大的心理异常现象。

詹森效应在学生群体中比较常见。有些名列前茅的学生在大考中屡屡失利，细细想来，“实力雄厚”与“赛场失误”之间的唯一解释只能是心理素质问题，但最本质的还是得失心过重和自信心不足。有些人平时“战绩累累”、卓然出众，久而久之，他们会形成一种心理定式：只能成功不能失败。再加上赛场的特殊性、周围人对他的深切厚望，使他背负上沉重的心理包袱，患得患失。被如此强烈的心理得失所困扰，最终是很难发挥出自己的真实水平来的。

某报曾经接到一位学生家长发来的“求救”邮件：我的孩子即将参加高考。想想3年前孩子中考时的情况，我不由得忧心忡忡。三年前，我的孩子在班级乃至学校都是佼佼者，但这个孩子比较内向、心理素质较差，平时成绩很好，而一到大考成绩就一落千丈，中考成绩“超低水平”发挥，只勉强考上了普通中学。孩子没办法面对这个现实，整天把自己关在房间里，消沉了许久。现在，三年过去了，我的孩子在这所普通中学表现得很好，年年都获得“三好生”称号。如果正常发挥，孩子上本科甚至重点都没问题，但如果改变不了心理素质差的毛病，成绩则难以预料。我们真担心，在高考那种更紧张的气氛中，孩子能否承受得住?！真希望你们能帮我想想办法！

还有一名学生，连续两年参加高考，均因在考场上过度紧张而落榜，而按平时的考试成绩，他是完全可以进重点院校的。第一次高考，在考数学时，有一道题他平时没见过，因此紧张起来，心跳加快，呼吸急促，神情慌乱，双眼模糊，看不清试卷，结果以三分之差落榜。经过一年的刻苦学习，他又走进了高考考场。但一进考场，他又被笼罩在一种无形的紧张气氛中，明明会答的题目，甚至平时熟悉的题目都变得陌生起来，结果又以七分之差落榜……

上述两名考生显然陷入了“詹森效应”的怪圈，以至于小考“战果累累”、大考“一败涂地”。作为家长，我们有必要在这方面对孩子多加以关注。

心理学家认为，紧张是一种有效的反应方式，是应付外界刺激和困难的一种准备，有了这种准备。便可产生应付刺激的力量，因此紧张并不全是坏事。然而，持续的紧张状态却能严重扰乱肌体内部的平衡，会给身心健康带来无法估量的损害，所以我们要教会孩子如何通过自我调节克服这种心理。

如何克服紧张心理，具体可以尝试以下几种方法：

1. 暂时避开

当事情不顺利时，让孩子暂时避开一下，去看看电影或一本书，或做做游戏，或去随便走走，改变环境，能使其感到松弛。强迫孩子“保持原来的情况，忍受下去”，无非是在惩罚孩子。当孩子的情绪趋于平静，而且和其他相关的人均处于良好的状态，可以解决问题时，再让孩子回来着手解决问题，往往就会收到良好的效果了。

2. 每天晚上做一次反省

让孩子学着这样思考：“我感觉有多累？如果我觉得累，那不是因为劳心的缘故，而是我工作的方法不对。”丹尼尔·乔塞林说过：“我不以自己疲累的程度去衡量工作绩效，而用不累的程度去衡量。”他说：“一到晚上觉得特别累或容易发脾气时，我就知道当天工作的质量不佳。”如果全世界的人都懂得这个道理，那么，因过度紧张而引起的高血压死亡率就会在一夜之间下降，我们的精神病院和疗养院也不会人满为患了。

3. 谦让

如果你的孩子经常与人争吵，就要考虑他是否是过分主观或固执了。要知道，这类争吵将会对周围人的行为带来不良的影响。孩子可以坚持自己正确的东西，静静地去做，但给自己留有余地仍是必要的，因为他自己也可能是错误的。即使是绝对正确的，他也可以按照自己的方式稍作谦让。这样做了以后，他通常会发觉别人也会这样做。

4. 尽量在舒适的情况下学习

记住，身体的紧张会导致肩痛和精神疲劳。人生有压力是不可避免的，谁还没有个烦琐难熬的事儿呢？既然明白了这一点，就要学会让孩子自我“减压”，举重若轻，化解紧张。同时，还可以用被抑制下来的精力去做一些有意义的事情。

5. 把烦恼说出来

当有什么事烦扰孩子的时候，应该引导其说出来，不要存在心里。让孩子试着把烦恼向父亲或母亲、老师、学校辅导员等倾诉，他心里往往就会舒服很多。

孩子陷入“詹森怪圈”最主要的原因是对考试期望值过高而又

缺乏自信，只想成功、又怕失败，患得患失、压力过大，结果造成大脑皮层兴奋与抑制过程失衡、自主神经功能紊乱，各种症状随之而生。其实，只要对症下药即可帮孩子改善这种状况。

放松 + 淡化考试结果 + 精力集中 + 积极情绪 + 肯定的心理暗示，可以解决自信心不足和消除患得患失的症状。

1. 放松

英国心理专家指出，对孩子们来说，“虚度光阴”也是一种休息和能量储备的过程，大人对孩子的过多安排会扼杀孩子的独立性和创造力。专家呼吁，应该允许孩子在一定程度上“虚度光阴”，从而使孩子放松身心。例如，让孩子玩一些他们喜欢玩的游戏、带他们去游乐园等等。

2. 淡化考试结果

我们要多关注孩子的学习过程，适当地淡化结果，因为考试毕竟有偶然因素在里面，只要孩子有一个努力学习的过程，我们就可以适当地淡化结果。

3. 精力集中

培养孩子精力集中的品性，一方面，家长应以身作则。我们可从小就每天定时给孩子读书，陪孩子画画，跟孩子一起听录音故事，甚至做孩子的玩伴，与他做一些智力游戏，言传身教地训练他安静专心地做一件事，这样你的孩子也会认真、专注地做事。另一方面，我们不要轻易打扰孩子。如孩子玩游戏时全身投入，正是在培养聚精会神的习惯，此时我们切不可任意打扰、干涉和打断。

4. 积极情绪

积极的情绪能促进孩子的身心健康发展。著名心理学家法迪斯说：“在孩子学会语言之前，他们是从感情的氛围来下结论的：这个世界是一个充满忧虑、愤怒的地方，还是一个安全、愉快的地方?”

所以，我们平时就要给孩子营造一种温暖的氛围，哪怕是无意中流露的一句关怀、鼓励、赞赏的话，也会使孩子从中受到莫大的鼓舞，感到无限的快乐。

5. 肯定的心理暗示

在智力方面，我们要通过暗示使孩子相信自己是聪明而有创造力的。在心理素质方面，我们要通过暗示使孩子相信自己是坚强、自信、勇敢、有社会适应能力的。在健康方面，我们要通过暗示使孩子相信自己是健康的，并且会越来越健康，同时使孩子树立“健康光荣”的新观念。

总之，家长的平常心 + 适当的期待才是治疗“詹森病”的良药。

超限效应：别让过度表扬“甜”倒孩子

当前，不少家长在“望子成龙、盼女为凤”的观念支配下，总是希望通过不竭的鼓励让孩子天天向上。于是，各种表扬、奖励充斥着孩子的生活。殊不知，这种教育方式也会导致“超限效应”。一番苦心，换来的往往是孩子的无动于衷甚至是反感情绪。

某班有个“学生”平时听惯了批评，他对批评根本就不当回事。但是，新学期换了个班主任，这个班主任一开始就对这个“学生”的某些“闪光点”进行了表扬。起初这个学生很受感动，但是过了一段时间，这个学生发现，老师对自己的表扬越来越多，而且还有许多是有意拔高的。他认为这是老师在哄骗自己，名义上是表扬，实际上就是让其注意这些方面，不让其再捣蛋，这分明是老师看不起自己、不信任自己。于是，后来他一听到表扬就反胃，大为恼火。

俗话说：“好菜连吃三天惹人厌，好戏连演三天惹人烦。”世界上的万事万物都要有一个合理的尺度，超出了这个尺度，事物就会朝着相反的方向发展。正如古希腊哲学家德谟克利特所言：“当过度的时候，最适宜的东西也会变成最不适宜的东西。”

教育孩子也是同样的道理，家长都知道对孩子批评多了不好，容易让孩子丧失自信心，于是就拿起了表扬的“武器”。要知道，孩子一直生活在赞扬声中，时间长了，再美妙的赞扬也会腻味。到时，表扬不但不会激起孩子上进的欲望，会让他找不到度量自己的标尺，看不到前进道路上的泥泞；同时，还会让他产生反感，觉得自己活在谎言当中，于是出现各种叛逆行为。

身为父母，我们总是会担心孩子自卑、经不起挫折、一旦摔倒就爬不起来，希望他能在任何时候都自信、优秀，于是就想通过“反复表扬”“持续鼓励”的方式来帮孩子树立自信心，使他一直保持积极的状态、良好的情绪，向好的方向努力。

这种急切的期待和心理是完全可以理解的，但是，我们认为“只要不断表扬、鼓励孩子就能达到效果”的想法是错误的。从心理学的角度讲，同样的刺激在持续一段时间后，对刺激对象的作用会逐渐减弱，这种现象一旦出现，不仅不会出现父母期望的效果，有时反而还会引起孩子更大的逆反心理。

当然，这种“超限效应”有时还表现在我们对孩子的要求过高，给孩子的压力过大等情况中。例如，2000 年发生的徐力杀母事件就是一个“超限效应”产生的悲剧。

徐力的母亲省吃俭用，把家里的所有事情都包揽下来，只是为了孩子能好好读书，将来能有出息。她要求孩子每次考试都要排在班级前 10 名，包括事发当天，她还不忘时时刻刻提醒徐力。然而，徐力自己却认为根本就无法达到母亲的要求，甚至感到了绝望感。

最后，徐力终于对整日唠叨不断的母亲产生了强大的逆反心理。也正是由于这种心理，导致他拿起榔头砸死了养育自己多年的母亲。

客观上讲，徐力的母亲确实是一位非常尽责的好家长，但是，导致出现这一悲剧，难道完全是徐力的错吗？

所以，我们在教育孩子的过程中一定要牢记“越限效应”带给我们的启示：物极必反，欲速则不达，爱孩子、表扬孩子、给孩子压力，并不是越多越好，而是要讲究个“度”。

许多家长都好奇，表扬既看不见，又摸不到，怎么去把握它呢？

表扬孩子要把握好时机。例如，当孩子遇到困难和失败时，最容易泄气、情绪低落，同时也最害怕遭到嘲讽。若偏偏在这个时候对孩子又挖苦又冷嘲热讽，甚至骂出“笨蛋”“傻瓜”之类有伤孩子自尊的话，会使孩子对自己越来越没有信心，上进心一滑再滑。但此时我们若能多给孩子一些鼓励和表扬，并热心地帮助他一起寻求解决困难的办法，收到的效果就完全不同了。要知道，表扬只有在最需要的时候才能发挥出最大的作用，才能为孩子打开一扇“别有洞天”的窗户。

中国绘画讲究“疏可走马，密不透风”。“疏可走马”指的就是“留白”，有了空白，才能产生美感。表扬也同此理。心理学原理告诉我们：适当地“留白”，更易激起孩子想像的浪花、好奇的涟漪。家长和教师在平时与孩子的交谈中要“点到为止”，适时地留点空白，让他们自己去思考、去体味，这样，孩子就会敞开心扉，和你交心、与你为友。否则，过于唠叨，孩子会很反感。俗话说：“酒里水多了，味道就淡了。”过多的重复表扬，到后来不但不会再产生正面的教育效果，反而会引起孩子的厌烦甚至是抵触情绪，“播下的是龙种，收获的却是跳蚤”。

再有，很多家长都不知如何把握表扬的度。第一，要符合实际，不要言过其实地表扬，要注意分寸，不无限夸大。第二，不吝啬表扬，但也不轻易表扬，如果是孩子本应完成的事情，不要因为孩子希望被关注就随意表扬。事实上，过多廉价的表扬不仅不能对孩子产生积极的作用，反而会让其养成浅尝辄止和随意应付的习惯。不付出努力、唾手可得的赞赏又怎么会珍惜呢？

与此同理，我们表扬孩子也要讲究方式与方法。例如，当孩子数学成绩有所提高的时候，我们可以说“你的思维能力提高很快”；当孩子语文成绩有所提高的时候，我们可以说“你的语言理解能力和表达水平越来越高了”；当孩子在与人相处或做事方面有所进步时，我们可以说“你真的长大了”等。

在孩子漫漫的成长之路上，不仅需要我们的批评教育，更需要我们合理的表扬与鼓励。身为家长，我们一定要把握好这门艺术，让它在孩子身上发挥出最佳的效果来。

第八章

幸福生活法则

罗伯特定理：不要被自己打败

这个世界上没有人能把你打倒，除了你自己；这个世界上没有什么困难能难得倒你，除非你自己放弃。人生道路漫漫、坎坷重重，遇到挫折摔一跤是在所难免的，只是当我们面对挫折时应当无所畏惧、愈挫愈勇。现在我还记得小时候妈妈说的一句话："跌倒了，自己爬起来！"

无论遇到什么境况，都不应该放弃自己，对自己失去信心。有这样一则故事：

一天傍晚，一位美丽的少妇坐在岸边的一棵大树旁，梳洗着自己的头发，一位老渔夫在湖边泛舟打鱼，这本来是多么美丽的一幅风景画啊。可是，当渔夫撑船准备划向湖心时，突然听到身后传来"扑通"一声，老渔夫回头一看，原来是那位美丽的妇人投河自尽了。老渔夫急忙掉转船头，向少妇落水的地方划去，跳进水里，救起了少妇。渔夫不解地问少妇："你年纪轻轻的，为什么寻短见呢？"少妇哭诉道："我结婚才两年，丈夫就遗弃了我，接着孩子又病死了，您说我活着还有什么意思？""两年前你是怎么生活的？"渔夫问。少妇想了想，眼睛一下变亮了："那时我自由自在、无忧无虑，生活得无比幸福……""那时你有丈夫和孩子吗？""当然没有。""可是现在，你同样是没有丈夫和孩子呀！你只不过是又回到了两年前的状态，现在你又自由自在、无忧无虑了。记住，孩子，那些结束对你来讲应该是一个新的起点。”少妇仔细想了想，猛然醒悟，她回到了岸上，望着远去的老渔夫，心中又燃起了新的生活希望，从此再也没有寻过短见。

这位少妇的人生遭遇的确很不幸，但是真正让她走上绝路的不是这些不幸，而是她自己，是她放弃了自己。其实，人生会遭遇什么我们无法控制，我们能控制的就是自己的心态，即该如何来看待这些遭遇。“宠辱不惊”是一种境界，“永不放弃”是一种态度。对待我们宝贵的生命，我们应该永不放弃；对待人生的遭遇，我们应该宠辱不惊。

张海迪、桑兰，这些让我们既自豪又羞愧的名字，她们用自己的故事告诉我们：人生，没有过不去的坎儿，无论怎样，都不能放弃自己。与之形成对比的是，有一些人一遇到困难就萎靡不振，有些人甚至被误以为的灾难给害死了。前几年报纸上曾有过这样一则报道，说一个人得了感冒被误诊为癌症，结果没几天就死了。这个人就是被自己给的恐惧“害死”的，他以为自己得了癌症，肯定活不了，自己先放弃了自己，生命自然也就放弃了他。美国作家欧·亨利在他的小说《最后一片叶子》里也讲了个类似的故事，不同的只是故事里那个放弃了自己生命的病人被一位老画家及时救了回来。这位画家并不是妙手回春的神医，他只是用彩笔画了一片叶脉青翠的树叶挂在病人窗外的树枝上，只因为生命中的这片绿，病人竟奇迹般地活了下来，这就是希望的力量。

人生在世，不可能一切都是一帆风顺的。当你遭遇失败时，当一切似乎都暗淡无光时，当你的问题看起来似乎不会有什么好的解决办法时，千万不要放弃希望，只要心存信念，勇敢地站起来，你就会看到奇迹的发生。

有一个对生活极度厌倦的绝望少女，她打算以投湖的方式自杀。在湖边她遇到了一位正在写生的老画家，老画家专心致志地画着一幅画。少女厌恶极了，她鄙薄地看了老画家一眼，心想：幼稚，那鬼一样狰狞的山有什么好画的，那坟场一样荒废的湖有什么好画的？

老画家似乎注意到了少女的存在和情绪，他依然专心致志、神情怡然地画着。过了一会儿，他说："姑娘，来看看画吧。"她走过去，傲慢地睨视着老画家和他手里的画。少女被吸引了，竟然将自杀的事忘得一干二净，她没料到世界上还有那样美丽的画面——他将"坟场一样"的湖面画成了天上的宫殿，将"鬼一样狰狞"的山画成了美丽的、长着翅膀的女人，最后将这幅画命名为《生活》。这时，老画家突然挥笔在这幅美丽的画上点了一些黑点，似污泥，又像蚊蝇。少女惊喜地说："星辰和花瓣！"老画家满意地笑了："是啊，美丽的生活是需要我们自己用心发现的呀！"

一个阳光的人，心情乐观开朗，他的人生态度是积极的，不管是在工作中还是在生活上，都能很好地完成任务，因此这类人在这段时间里自我价值的实现也就相对比较多。自我价值实现得越多，自我肯定的成就感也就越多，这样就能拥有一个好的心情、形成一个良性循环。相反，一个心情阴暗的人整天愁眉苦脸地面对生活，不管做什么事情都不积极，甚至错误百出，那么其自我价值的实现几率就会越来越少，自我否定的因素就会增加，使心情更加消极抑郁，成形一个恶性循环。

世界的色彩是随着我们情绪的变化而变化的，你拥有什么样的心情，世界就会向你呈现什么样的颜色。所以，别让悲观挡住了生命的阳光，当你的心情快乐起来的时候，你的世界将会是朗朗晴空。

幸福递减定律：知足才能常乐

中国有句俗话叫“知足常乐”，生活在尘世，或许已经很少有人能真正达到知足者常乐的意境了。因为人都是有贪欲的，想要的东西越得不到就越想得到，经过努力得到才会觉得很高兴，但是得到的多了又会变成负担。

其实，世界上根本就没有十全十美的人和事，但知足可以让我们活得更加轻松。

一对青年男女步入婚姻的殿堂，甜蜜的爱情高潮过去之后，他们开始面对日益艰难的生计。妻子整天为缺钱而忧郁不安，因为有了钱才能买房子、买家具家电，才能吃好的穿好的……可是，他们的钱太少了，少得只够维持最基本的日常开支。而丈夫却是个很乐观的人，不断寻找机会开导妻子。

有一天，他们去医院看望一位朋友。朋友说，他的病是累出来的，常常为了挣钱不吃饭不睡觉。回到家里，丈夫就问妻子：“假如给你钱，但让你跟他一样躺在医院里，你要不要?”妻子想了想，说：“不要。”

过了几天，他们去郊外散步，发现路边有一幢漂亮的别墅，从别墅里走出来一对白发苍苍的老者。丈夫又问妻子：“假如现在就让你住上这样的别墅，但变得跟他们一样老，你愿意不愿意？”妻子不假思索地回答：“我才不愿意呢！”

他们所在的城市破获了一起重大团伙抢劫案，这个团伙的主犯抢劫现钞超过100万元，被法院判处死刑。

罪犯押赴刑场的那一天，丈夫对妻子说：“假如给你100万元，让你马上去死，你干不干？”

妻子生气了：“你胡说什么呀，给我一座金山我也不干！”

丈夫笑了：“这就对了。你看，我们原来是这么富有：我们拥有生命，拥有青春和健康，这些财富已经超过了100万元，我们还有靠劳动创造财富的双手，你还愁什么呢？”妻子把丈夫的话细细地咀嚼品味了一番，也变得快乐起来了。

通过上面的例子我们看出，幸福其实很简单，只是一种身体和心理的快乐感受、摆脱欲望羁绊后的无忧无虑。懂得知足，人才会变得豁达。所以，知足是一件无价之宝，无论你是否曾经意识到，从现在开始，学会知足吧，用内心感受身边的幸福。

懂得了知足常乐的道理，我们就要怀着感恩的心去面对生活。那样，人们就会更加乐意与你亲近，人生也会因此而更加美好。

黄美廉自小就患有脑性麻痹，病魔夺去了她肢体的平衡感与发声讲话的能力。然而，她没有向这些外在的痛苦屈服，而是昂然面对，迎向一切的不可能，终于获得了加州大学艺术博士学位。

有一天，她站在台上，不规律地挥舞着她的双手；仰着头，脖子伸得好长好长，与她尖尖的下巴扯成了一条直线；她的嘴张着，眼睛眯成一条线，诡谲地看着台下的学生。她是一个不会说话的人，全场的学生都被她不能控制自如的肢体动作震住了。这是一场倾倒生命、与生命相遇的演讲会。

“黄博士，你从小就长成这个样子，难道没有怨恨吗？”台下的一位同学小声地问道。

“我没有怨恨，我很感激上帝所给予我的一切。”美廉用粉笔在黑板上重重地写下了这几个字。她写字时用力极猛、很有气势。写完这个问题，她停下笔来，歪着头，回头看着发问的同学，然后嫣然一笑，回过头来，在黑板上龙飞凤舞地写了起来：

妈妈给了我可爱的面容！

上帝给了我一双很长很美的腿！

老师对我也很好！

我会画画！我会写稿！

忽然，教室内一片鸦雀无声，没有人敢讲话。她回过头来定定地看着大家，又回过头去在黑板上写下了她的结论：“我感激别人给我的一切。”

不得不承认，黄美廉是不幸的，因为病魔残忍地剥夺了她肢体的平衡感与发声讲话的能力。然而，她并没有陷入自怨自艾、忧愁或悲观等消极心态的漩涡，而是怀着一颗感恩的心孜孜以求。所以，她和我们一样，能够拥有“可爱的面容”“很长很美的腿”及博学慈爱的“老师”，能够画自己想画的画面、书写自己心中的话……

试想，如果我们都能像美廉那样，拥有一颗感恩的心、懂得知足，我们怎么会不幸福呢？

因果定律：种下幸福才会收获幸福

著名哲学家培根曾说过："懂得事物因果的人是幸福的。"正如同"物有本末，事有终始""种瓜得瓜，种豆得豆"的道理一样，如果我们想收获幸福，就应先种下幸福的种子。

如果你觉得生活沉闷，就应该检查一下自己付出了多少。从来没听人说："我天天早睡早起，经常做运动，不断充实自己，培养人际关系，并且尽心尽力地工作，然而生活中却没有一件好事。"生活是一个因果循环系统，如果生活中一点好事都没有，那就是你的错了。只要你了解现状是自己一手造成的，你就不再会觉得自己是受害者了。

也许你会反驳说："在生活中，有的人过着平淡的日子，同样感觉很幸福；而有的人成绩斐然，却觉得幸福离自己很遥远。明显不符合因果定律。"其实，之所以出现这样看上去似乎因果相悖的现象，是因为幸福感是一种非常主观的情感体验。

美国知名心理学家、宾夕法尼亚大学教授马丁·瑟里格曼表示，幸福=快乐+意图+参与。他告诉我们，幸福并不是空等来的，不是被动地期盼来的，而是需要你具有快乐的能力、获取幸福的意图，并能积极地参与。如果你觉得自己现在还不够幸福，那就该清醒地审视自己了。要知道，一味地抱怨或叹息过去根本毫无意义，与其低落、萎靡，不如珍惜当下、积极生活，让“今天”成为“明天”的幸福理由。

小莉是某外企的主管，从大学毕业到晋升为主管仅仅用了两年时间。无论是工作时间还是下班回家，她的脸上总是洋溢着甜甜的微笑，同事们对她羡慕得不得了。有人好奇，便问小莉：“你怎么每天都是一副积极向上的样子？感觉你天天都非常幸福。”小莉笑着回答：“因为我每天都告诉自己‘我是积极的，我是快乐的’。”

我们不妨像小莉那样，通过自我暗示的方法告诉自己“我是积极的，我是快乐的”，从意识上就让自己的每一天都过得非常积极。

其实，无论生活是平淡、是忙碌，或是没有理想中的好，都要从中给自己找一个幸福的理由。例如，昨晚做了一个好梦、今天是个阳光灿烂的好天气、刚刚做了一个漂亮的新发型、工作上感觉到一些进步、朋友的一个问候……这些小小的幸福连缀在一起，就像一条幸福的珠链，将令你的日常生活滋润、充实而美好，同时，也会让你的思想走向积极的一面。

此外，人们都认为法国人的幸福感很强，这主要是由于法国是艺术之都，人们将艺术家的气质注入生活、用艺术之美点染人生。众所周知，艺术家在创造作品时，感受着来自生命本身的创造乐趣，所以欣赏这些作品的人可以同创造者产生共振、共鸣：当你从忙碌的工作中偷得浮生半日闲，不妨将自己置身于艺术的海洋，从画作缤纷的色彩、音乐优美的旋律、雕塑充满美感的线条中感悟世界之美、艺术之美，从而体味生活中的幸福感。

从因果定律出发，除了善待自己会得到幸福外，善待他人也会得到幸福。对他人友善，就是种下的幸福种子，待到种子开花结果，自己也会收获幸福。

有一天，一个贫穷的小男孩为了攒够学费正挨家挨户地推销商品。劳累了一整天的他此时感到十分饥饿，但摸遍全身却只有一毛钱。怎么办呢？他决定向下一户人家讨口饭吃。当一位美丽的女孩打开房门的时候，这个小男孩却有点不知所措了，他没有要饭，只乞求给他一口水喝。这位女孩看到他很饥饿的样子，就拿了一大杯牛奶给他。男孩慢慢地喝完牛奶，问道："我应该付多少钱?"女孩回答道："一分钱也不用付。妈妈教导我们，施以爱心，不图回报。"男孩说："那么，就请接受我由衷的感谢吧!"说完，男孩离开了这户人家。此时，他不仅感到自己浑身是劲儿，而且还看到上帝正朝他点头微笑。

其实，男孩本来是打算退学的，但喝完小女孩送给他的那满满一杯牛奶后，他放弃了这个念头。

数年之后，那位美丽的女孩得了一种罕见的重病，当地的医生对此束手无策。最后，她被转到大城市医治，由专家会诊治疗。当年的那个小男孩如今已是大名鼎鼎的霍华德·凯利医生，他也参与了医治方案的制订。当看到病历上所写的病人的来历时，一个奇怪的念头霎时闪过他的脑际，他马上起身直奔病房。

来到病房，凯利医生一眼就认出床上躺着的病人就是那位曾帮助过他的恩人。他回到自己的办公室，决心一定要竭尽所能来治好恩人的病。从那天起，他就特别关照这个病人。经过艰辛的努力，手术终于成功了。凯利医生要求把医药费通知单送到他那里，并在通知单上，签了字。

当医药费通知单送到这位特殊的病人手中时，她不敢看，因为她确信，治病的费用将会花去她其全部家当。最后，她还是鼓起勇气，翻开了医药费通知单，旁边的那行小字引起了她的注意，她不禁轻声读了出来："医药费——一满杯牛奶。霍华德·凯利医生。"

恐怕连小女孩自己都不敢相信，就是当年一杯满满的牛奶，在数年后挽救了自己的生命。在现实生活中，很多人活了一辈子都不会想到，自己在帮助别人时其实就等于帮助了自己。一个人在帮助别人时，无形之中就已经“投资”了感情，别人对于你的帮助会永记于心，只要一有机会，他们就会主动报答的。

关于这一点，著名科学家爱因斯坦的两次不同婚姻也是很好的例证。

爱因斯坦的前妻米列娃因不能容忍丈夫极少的关心与体贴，而只是一味地与原子、分子、空间、时间为伴，便时常与其发生摩擦，而两人的个性都很强，最终分手。第二任妻子艾丽莎是一个体贴入微、懂得尊重与忍让的人，她深知爱因斯坦的脾气，从不干预丈夫的工作，让他安心地完成事业。爱因斯坦受到感动，也在百忙之中抽出时间来陪妻子度过美好时光，他甚至在记者招待会上充满感情地说：“艾丽莎不懂相对论，但相对论却有她的一份心血。”

所以，任何一种真诚而博大的爱都会在现实中得到应有的回报，善待别人，就等于善待自己。

史华兹论断：正确看待“幸”与“不幸”

两只小鸟在天空中飞行，其中一只不小心折断了翅膀。无奈，它只好就地栖息疗伤，让另一只小鸟独自前行。另一只小鸟觉得伙伴受了伤，太不幸了，可谁料想，本以为很幸运的自己，没飞多远就惨死在猎人的枪口下。

世事往往就是这样，幸福总喜欢披着一件不幸的外套走进我们的生活。

很多时候，幸福也是一样，总是会蕴藏在不幸的外表下面。其实，从心理学角度讲，所有的“不幸事件”都只有在我们认为它不幸的情况下才会真正成为不幸事件。与之类似，还有我们常说的“不幸中的万幸”的故事。

曾有一个中年男人以在路边卖热狗为生，勤快加热情令他的生意蒸蒸日上。没几年，他的儿子大学毕业后因找不到工作，便跟着他一起做生意。

有一天，儿子看到父亲还在埋头拓展生意渠道，奇怪地问：“爸爸，您难道没有意识到我们将面临严重的经济衰退吗?”

父亲不解地问：“没有啊，为何这么说呢?”

儿子答道：“目前，国际环境很糟，国内环境更糟，我们应该为即将来临的坏日子做好准备。”

这个男人想，既然儿子上过大学，还经常读报和听广播，他的建议不应被忽视。

于是，从第二天起，他减少了肉和面包的订购量。没多久，光顾的人越来越少，销售量迅速下降。不过，因为他们的订货量也大量减少，所以，虽然没有多少利润，但还不至于亏本。

他感慨地对儿子说：“你是对的，我们正处在衰退之中，幸亏你那么早提醒我，真是不幸中的万幸啊！”

看了这个故事你会发现，很显然，“幸”与“不幸”都是依据人们自己心中的标准而定的。

所以，我们能不能获得幸福？现在是在不幸中挣扎，还是在幸福中陶醉？将来是步入幸福，还是陷入不幸？答案往往只有我们自己能回答。

正如心理学家哈利·爱默生·佛斯迪克博士所指出的：“生动地把自己想像成失败者，这就足以使你不能取胜；生动地把自己想像成胜利者，将带来无法估量的成功。伟大的人生以想像中的图画——你希望成就什么事业、做一个什么样的人——作为开端。”很多伟大人物的成功，就是凭借着这样一种智慧的心态取得的。

瑞典发明家奥莱夫，出生在伐姆兰省的一个小乡村，父母都是最贫苦的佃农。

奥莱夫出生的时候，家里一贫如洗，最值钱的财产就是一支鸟枪和三只鹅。当时，一位身着华丽衣服的亲戚抱着自己的儿子，讥笑奥莱夫的父母说：“你们那儿子生下来就注定是一个看鹅的穷鬼！”

奥莱夫的父母听后，气愤地说：“只需要20年时间，我们的奥莱夫肯定会成为富翁，到时候他会雇你的儿子帕尔丁当马夫。”

要知道，20年只是正常人生的1/4。从奥莱夫6岁起，父亲就让他读路德的《训言集》，教育他对自己的人生目标进行定位，使每个小时都服务于这个目标。

奥莱夫没有让父母失望，上中学后他就懂得把时间分配得细致精密，使每年、每月、每天和每小时都有它的具体任务。在一篇作文里，奥莱夫自信地写下："奥莱夫将来一定是国家的栋梁！谁盗窃奥莱夫 1 分钟的时间，谁就是盗窃瑞典！"

果然，20 岁的时候，奥莱夫创造了一项重大发明，并且很快便成为瑞典数一数二的发明家和富翁。

奥莱夫的成功经历，深刻地告诉我们：遇到所谓的"不幸"并不是什么可怕的事情，关键是我们如何去看待它、如何对待它。

事实上，时间是永不停息的，世界是不断发展、变化的，所以没有什么"幸"与"不幸"是永恒不变的，我们只有学会从不幸中看到幸福，采取有效的措施扭转大家所谓的"不幸"的局势，自信地找准一个方向，并耐心而努力地坚持下去，幸福与成功便会水到渠成。

任何时代、任何事件，都是无所谓好坏的，眼前的一切都不过是时间轴上的一个点。学会放眼前方，用心去寻找、捕捉那蕴于不幸中的幸福，我们最终会发现，在这个无限延伸、充满变数的轴线上，自己真的得到了幸福。

杜利奥定律：拥抱热情，拥有快乐

漫漫人生旅途，我们不可能一直都一帆风顺，不尽如人意的事情总是难以避免。然而，当我们无法改变客观事实时，不妨通过热情的心理作用，敞开自己的心扉，让快乐走进来。《快乐的城堡》的作者就是很好的例证。

这位女作家的丈夫是一位将军，曾奉命到沙漠里参加演习，她为了能陪着丈夫，于是也随丈夫来到沙漠里的陆军基地。

白天丈夫参加演习，她就独自在营地的小铁皮房子里休息。当时天气热得受不了，而且没有任何人可以聊天，她每天唯一能做的事情就是盼望丈夫早点回来。渐渐地，她非常难过，便写信给父母，说她想要抛开一切回家去。不久，父亲给她回了信，内容很短，只有两行字："两个人从牢中的铁窗望出去，一个看到泥土，一个却看到了星星。"读完父亲短促而有力的回信，她不禁心头一颤，决定要在沙漠中找到星星。

从那时起，她开始努力地和当地人交朋友，并渐渐地对当地人的生活产生了兴趣，而当地人也很大方地把自己最喜欢但又舍不得卖给观光客人的物品都送给了她。后来，她开始研究那些引人入迷的仙人掌和各种沙漠植物，又不断学习有关沙漠动物的知识，有时还和当地人一起看沙漠的日落。结果，原来这个令她难以忍受的沙漠环境，如今却令她非常兴奋、备感快乐。

正是因为她用热情改变了对沙漠生活的看法，从那以后，她把原来认为恶劣的环境视为自己一生中有幸经历的最有意义的冒险。兴奋不已的她，开始了自己的创作生活，直至《快乐的城堡》与世人见面。

其实，沙漠并没有改变，当地人也没有改变，只是女主人公的心态由消极转向积极，开始对生活产生热情。因此，她在沙漠里看到的不再是漫天黄沙，而是美丽的“星星”。

客观上讲，生活并不会因为我们的个人意志而发生太大变化，但对快乐的感觉却是由我们的心态决定的。如果你始终能怀着热情去生活，那么即使身处茫茫无边的沙漠你也会与漫天黄沙交朋友；相反，倘若你对生活缺乏热情，那么即使是沙漠中的绿洲也难以令你欣喜。

正如叔本华所说：“一个悲观的人，把所有的快乐都看成不快乐，好比美酒到充满胆汁的口中会变苦一样。”所以，人生是幸福还是困厄、生活是快乐还是愁苦，完全取决于你对事物的态度、对生活的看法。与其抱怨、忧愁和苦闷，不如满载热情、珍惜当下，积极地去拥抱快乐，让它走进你的生活。

野马结局：懂得控制自己的不良情绪

当你正惬意地与友人漫步街头，呼吸着雨后清新的空气，忽然一辆疾驰而来的车溅得你一身泥水时，你是不是会愤怒得瞪眼甚至破口大骂呢？生活中很多人都可能 V 如此。其实，这也是一种正常反应，即这种情况下产生愤怒的心理并使脾气变得异常暴躁是一种正常的心理现象，特殊情况下动怒和激怒是一种痛苦和压抑的释放。

然而，如果你是一个稍有不顺心、不如意就大动肝火的人，那么就应该给自己敲敲警钟了。火气大，爱发脾气，实际上是一种敌意和愤怒的心态，当人们的主观愿望与客观现实相悖时就会产生这种消极的情绪反应。一个人有爱发脾气的毛病，确是令人苦恼和遗憾的。

早晨 8 点是上班的高峰期，李明开车去上班，由于车流量很大，眼看就要迟到了。车龙好不容易向前移动了一些，可前面的司机偏偏像睡着了一样，丝毫不动弹。李明开始冒火了，拼命地按喇叭，可前面的司机依然不为所动。李明气极了，他握住方向盘的手开始发白，仿佛要紧紧地卡住前面司机的脖子，额头开始冒汗，心跳加快，满脸怒容。

他简直无法控制自己了，车还是停滞不前，他终于冲上前去，猛敲车门，结果前面的司机也不甘示弱，打开车门，冲了出来。就这样，一场恶斗在大街上开始了，结果李明打碎了那个人的鼻梁骨，以故意伤人罪被起诉。等待他的将是法律的严惩。这下不仅没赶上上班的时间，反而连工作也彻底丢了，这一切都是由于他的脾气暴躁带来的。

脾气暴躁、经常发火，不仅会强化诱发心脏病的致病因素，而且也会增加患其他病的可能性，它是一种典型的慢性自杀。因此为了确保自己的身心健康，必须学会控制自己，克服爱发脾气的坏毛病。

我们还可能看到过这样的画面：大街上聚着一群人，原来是两个人在吵架，旁人在围观。两位主角口沫横飞，甚至还有捋起袖子要一决高下的架势。细问之下，才知道起因是谁不小心踩了谁的脚。当我们在为这样的小事也能形成这么有“规模”的场面而深感不解时，也为他们感到羞愧。如果踩了别人脚的人及时说声“对不起”，如果被踩的人能在听到道歉后宽容地说一句“没关系”，不就不会有这样伤身伤气又耗费时间的情况发生了吗？

如此大闹一场，于人于己都没有半点好处。在我们的生活中，如果人人都能够和颜悦色、宽容大度、还有那么多的“口水战”吗？让人与人之间更友好一些，让生活更平和美丽一些，何乐而不为呢？

有一位禅师非常喜爱兰花，在平日弘法讲经之余，花费了许多时间栽种兰花。有一天，他要外出云游一段时间，临行前交代弟子好好照顾寺里的兰花。在这段时间，弟子们总是细心照顾兰花，但有一天在浇水时却不小心将兰花架碰倒了，所有的兰花盆都跌碎了，兰花撒了满地。弟子们因此非常恐慌，打算等师父回来后，向师父赔罪领罚。禅师回来了，闻知此事，不但没有责怪，反而说道：“我种兰花，一是希望用来供佛，二是为了美化寺庙环境，不是为了生气而种兰花的。”

禅师说得好：“不是为了生气而种兰花的。”兰花的得失，并不会影响到他心中的喜怒。

在日常生活中，我们牵挂得太多、我们太在意得失，所以我们的情绪起伏、我们不快乐。在生气之际，我们如能多想想：“我不是为了生气而工作的”“我不是为了生气而交朋友的”“我不是为了生气而做夫妻的。”“我不是为了生气而生儿育女的……”那么我们的心情会宁静安详许多。

所以，当你要和别人起冲突时，请记住，彼此的相遇不是用来生气的。

在古老的西藏，有一个叫爱巴的人，每次和人生气起争执的时候就会以很快的速度跑回家去，绕着自己的房子和土地跑三圈，然后坐在田边喘气。

爱巴工作非常勤奋努力，他的房子越建越大，土地也越来越广。但不管房子和土地有多么大，只要是与人起争执而生气的时候，他就会绕着房子和土地跑三圈。

“爱巴为什么每次生气都绕着房子和土地跑三圈呢?”所有认识他的人心里都想不明白，但不管怎么问他，爱巴都不愿意明说。

直到有一天，爱巴很老了，他的房子和土地也已经很大了，他生了气，拄着拐杖艰难地绕着土地和房子转，等他好不容易走完三圈时，太阳已经下了山，爱巴独自坐在田边喘气。

他的孙子在旁边肯求他：“阿公，您已经这么大年纪了，这附近也没有其他人的土地比您的更广大，您不能再像从前那样一生气就绕着土地跑三圈了。还有，您可不可以告诉我您一生气就要绕着房子和土地跑三圈的秘密?”

爱巴终于说出了隐藏在心底多年的秘密，他说：“年轻的时候，我一和人吵架、争论、生气，就绕着房地跑三圈，边跑边想自己房子这么小、土地这么少，哪有时间去和人生气呢？一想到这里气就消了，把所有的时间都用来努力工作。”

孙子问道：“阿公！您年老了，变成了最富有的人，为什么还要绕着房地跑呢？”爱巴笑着说：“我现在还是会生气，生气时绕着房子和土地跑三圈，边跑边想，自己房子这么大、土地这么多，又何必和人计较呢？一想到这里，气就消了！”

我们又何尝不是年轻时的爱巴呢？谁没有动过怒、生过气？每个人都有自己的脾气、性格、情绪，一旦控制不好，人与人的碰撞就会充满火药味，何况社会人生也自有其运行规则，不能让每一个人都顺心遂意。

然而，愤怒有它存在的理由，却不能让它主宰我们的生活。合理的情绪宣泄是必要的，可是为了避免野马结局，就应该把情绪控制在个人可以掌控的范围内。如果说情绪主要是通过外界带给个人的，那么心情就是自己的。为了守护阳光般的心情，人们应该学会控制阴暗情绪。只要做出努力，坏情绪是可以克制的。

在现实生活中，愤怒确实已开始成为越来越多人的生活常态。一大早起来乘车就遭遇到交通堵塞，不知何时才能通过下一个路口，只能呆在公交车上生气；到公司上班，却遭到老板劈头盖脸一顿臭骂，此时此地敢怒不敢言，只能怒火中烧；劳累一天回到家，妻子为鸡毛蒜皮的小事不停地唠叨，孩子又不听管教，堆积的怒火终于找到了出口，一发不可收拾地向孩子下手，愤怒是一种带有破坏性的负面情感，如果长期被这些心理情绪困扰就会导致身心疾病的发生。有道是“要活好，心别小；善治怒，寿无数”。在生活中，那些动不动就陷入情绪风暴的人往往不懂得控制自己的情绪，给身心带来巨大的伤害。现实生活中也不乏一些人因为情绪失控而引发的悲剧。所以，学会克制情绪是一件关系人的一生命运的大事情。

卡瑞尔公式：在绝望中找寻希望

在曼彻斯特市，住着一个叫汉里的人。多年前，他因经常发愁而得了胃溃疡。一天晚上，他的胃出血了，被送到芝加哥西比大学的医学院附属医院进行治疗，体重也从 170 磅降到 90 磅。他的病情很不乐观，医生们甚至认为病已不可救药了。他只能吃苏打粉，每小时吃一匙半流质的东西。每天早晚护士都会用一条橡皮管插进他的胃里，把里面的东西洗出来。在医院住了几个月之后，汉里绝望了，觉得自己除了等待死神的降临之外，再没有什么希望了。又过了几天，他突然态度大变，准备在有生之年去周游世界。当他把这个想法告诉给那几位医生的时候，他们大吃一惊。他们警告说，从来没有听说过这种事。如果他去周游世界，那就只能选择葬在大海里了。但汉里却平静地说："我已经答应过我的亲友，我要葬在雷斯卡州我们老家的墓园里，所以我打算带着棺材。"

于是，汉里买好了自己的棺材，把它运上船，然后和轮船公司商定，万一自己死了，就把他的尸体放在冷冻仓中，直到回到其老家。交待完，他开始了自己的生命之旅。

当他从洛杉矶登上亚当斯总统号向东方航行时，已经感觉好多了。渐渐地，他不再吃药，也不再洗胃了。不久之后，任何食物他都尝试着吃了，甚至包括许多以前吃了一定会送命的东西。几个星期过去，他甚至可以抽长长的黑雪茄、喝几杯老酒了，多年来他可从未这样享受过。他在印度洋上碰到季节风，在太平洋上遇到台风，可他却从这些冒险中得到了很大乐趣。他在船上玩游戏、唱歌、交新朋友，晚上聊到半夜。到了中国和印度之后，他发觉自己回去后要料理的私事，与在东方看到的贫困和饥饿相比真是天壤之别。于是，抛弃了所有无聊的忧虑，觉得非常舒服。回到美国后，他的体重增加了 90 磅，几乎不像一个曾得过胃溃疡的病人。康复之后的汉里感慨地说："一生中我从未感到这么舒服、健康。"

汉里之所以能够摆脱病魔的困扰，重新拥有崭新的人生，是因为他在不自觉中运用了卡瑞尔的消除忧虑方法。该方法指出，当遇到困难时，首先问自己，可能发生的最坏情况是什么；其次，接受这个最坏的情况；最后，镇定地想办法改善最坏的情况。故事中，在得知病情严重的时候，汉里意识到了最坏的结果就是死亡。当心理上能够坦然接受这个最坏结果的时候，便采用周游世界的方式来勇敢面对自己。而这个法则的提出，源自卡瑞尔经历的一件事情。

威利·卡瑞尔年轻时在纽约水牛钢铁公司担任工程师。有一次，卡瑞尔奉公司之命到密苏里州去安装一架瓦斯清洁机。经过一番努力，机器勉强可以使用了，然而，与公司保证的质量却相差甚远。为此，他感到十分懊恼，甚至无法入睡。后来，他意识到烦恼不是解决问题的办法。于是，想出了一个不用烦恼而且能解决问题的方法，也就是我们今天熟知的卡瑞尔公式。

为什么卡瑞尔的办法这么有实用价值呢？从心理学上讲，它能够帮助人们在绝望中看到希望，使人们的心能够真切地踏实下来。假如内心没有归属感，整天在提心吊胆地悬着，又怎么能把事情做好呢？

应用心理学之父威廉·詹姆斯教授曾说过："能接受既成事实，

是克服随之而来的任何不幸的第一步。”林语堂在他那本深受欢迎的《生活的艺术》里也说过同样的话。这位中国哲学家说：“心理上的平静能顶住最坏的境遇，能让你焕发新的活力。”的确，接受了最坏的结果后，人们就不会再害怕失去什么，也就意味着失去的一切都有希望找回来了。

如果每个人都能成为生活中的“卡瑞尔”，那么烦恼忧虑将不再会影响到我们的生活质量。但是，并不是所有的人遇到烦恼时都能像卡瑞尔那样在冷静乐观中寻求解决之法，还是会有许多人不愿意、也没有勇气接受最坏的情况。于是，一方面苦苦纠结于烦恼忧虑中，另一方面又想不出解决问题的更好办法来。其实，在现实生活中难免会有烦恼忧愁。对于这些，我们选择不了逃避。但是，我们却可以选择面对的态度。学会用卡瑞尔公式消除烦恼，在绝望中找寻希望，或许生活将从此与众不同。

卡瑞尔公式消除烦恼的方法不是一步到位的，而是循序渐进地将问题解决掉。当一步一步地采取相应的措施后，人们就会发现：问题的解决并没有当初想象的那么可怕，都是水到渠成的。

迪斯忠告：把握现在，珍惜时间

库里希坡斯曾说：“过去与未来并不是‘存在’的东西，而是‘存在过’和‘可能存在’的东西。唯一‘存在’的是现在。”莎士比亚也说过：“在时间的大钟上，只有两个字——‘现在’。”可见，现在才是真实存在的，我们能把握的也只有现在。所以，无论对谁来说，都应该珍惜眼前的一分一秒，认真着眼于现在，因为没有现在，也就没有未来。

这世界上存在着很多不公平，但有一样是公平的，那就是时间。我们每个人每天拥有的时间都是相同的，不同的就是看你有没有把握住。一天的时间看起来很短，但真正利用好了却可以做很多事情。像海伦·凯勒在《假如给我三天光明》中写的那样，短短三天，她做了多少事情、看了多少事物啊。高尔基说过：“时间是最公平合理的，它从不多给谁一分。勤劳者能叫时间留下串串果实，懒惰者时间留给他们一头白发，两手空空。”我们不能让时间停留，但可以每时每刻都做些有意义的事。东汉文学家崔瑗，官至济北相。在他 40 多岁任郡吏时，不幸因事而被捕入狱。在狱中，他听说有一位狱吏精通《礼》学，便抓紧一切时间向他学习。当狱吏审讯时，也不忘趁机请教有关问题。他的这种对待学习的精神，给我们每个人都树立了榜样。

本杰明·富兰克林一生瑰丽传奇，功勋卓著，这与他懂得把握现在和珍惜时间是分不开的。他曾说过："把握今日，等于拥有两倍的明日。"

有一次，富兰克林接到一个年轻人关于未来的求教电话，并与这个年轻人约好了见面的时间和地点。当年轻人如约而至时，富兰克林的房门大敞着，而眼前的房子里却乱七八糟、一片狼藉，年轻人很是意外。

没等年轻人开口，富兰克林就招呼道："你看我这房间，太不整洁了，请你在门外等候 1 分钟，待我收拾一下你再进来吧。"然后富兰克林就轻轻地关上了房门。

不到 1 分钟的时间，富兰克林就又打开了房门，热情地把年轻人让进客厅。这时，年轻人的眼前展现出另一番景象——房间内的一切已变得井然有序，而且还多了两杯倒好的红酒。

在诧异中，年轻人还没有来得及把满腹的有关人生和事业的疑难问题向富兰克林讲出来，富兰克林却非常客气地说道："干杯！你可以走了。"手持酒杯的年轻人一下子愣住了，带着一丝尴尬和遗憾说："我还没向您请教呢……"

"这些……难道还不够吗？"富兰克林一边微笑一边扫视着自己的房间说，"你进来有 1 分钟了。""1 分钟……"年轻人若有所思地说，"我懂了，您让我明白用 1 分钟的时间可以做许多事情、可以改变许多事情的深刻道理。"

大家都讲要把握现在、珍惜时间，但什么才算真正"把握现在，珍惜时间"呢？关于这一点，本杰明·富兰克林已经告诉了我们很多。有时候，你会觉得生活很无聊，无事可做，时间太多，那是因为你还没有真正明白时间的价值与意义。这时，你可以去问一个刚刚延误飞机的游客，1 分钟代表着什么；你再去问一个刚刚死里逃生的人，1 秒钟的价值几何；最后，你还可以问一个刚刚与金牌失之交臂的运动员，一毫秒的意义是什么？

时间对我们每个人来说都是很珍贵的，只要你珍惜它，专注于自己想做的事，那你就不会这么无聊，脚下的路就会慢慢明朗起来。所以，还是不要留恋过去，珍惜时间，从现在做起。